A VINGANÇA DE PLATÃO

SERVIÇO SOCIAL DO COMÉRCIO
Administração Regional no Estado de São Paulo

Presidente do Conselho Regional
Abram Szajman
Diretor Regional
Danilo Santos de Miranda

Conselho Editorial
Ivan Giannini
Joel Naimayer Padula
Luiz Deoclécio Massaro Galina
Sérgio José Battistelli

Edições Sesc São Paulo
Gerente Marcos Lepiscopo
Gerente adjunta Isabel M. M. Alexandre
Coordenação editorial Cristianne Lameirinha, Clívia Ramiro, Francis Manzoni
Produção editorial Thiago Lins, Antonio Carlos Vilela, Bruno Salerno Rodrigues
Coordenação gráfica Katia Verissimo
Produção gráfica Fabio Pinotti
Coordenação de comunicação Bruna Zarnoviec Daniel

A VINGANÇA DE PLATÃO
POLÍTICA NA ERA DA ECOLOGIA

WILLIAM OPHULS

TRADUÇÃO DE CARLOS SZLAK

Título original: *Plato's Revenge: Politics in the Age of Ecology*
© William Ophuls, 2011
© Massachusetts Institute of Technology, 2011
© Edições Sesc São Paulo, 2017
Todos os direitos reservados

Tradução Carlos Szlak
Preparação Luiz Carlos Marques Guasco
Revisão Pedro P. Silva, Vanessa Gonçalves
Projeto gráfico Luciana Facchini
Diagramação Luciana Facchini, Nathalia Navarro

Op29v	Ophuls, William
	A vingança de Platão: política na era da ecologia / William Ophuls; Tradução de Carlos Szlak. – São Paulo: Edições Sesc São Paulo, 2017. 264 p.
	Referências Bibliográficas
	ISBN 978-85-9493-027-9
	1. Política ambiental. 2. Ecologia. 3. Filosofia. I. Título. II. Szlak, Carlos.
	CDD 304.2

Edições Sesc São Paulo
Rua Cantagalo, 74 – 13º/14º andar
03319-000 – São Paulo SP Brasil
Tel. 55 11 2227-6500
edicoes@edicoes.sescsp.org.br
sescsp.org.br/edicoes
/edicoessescsp

Para Harriet, Auden e Cyrus

Imprensada no intervalo relaxante entre um código moral e o próximo, uma geração à deriva rende-se ao luxo, à corrupção e à inquieta desordem da família e dos costumes.

Will e Ariel Durant

13	PREFÁCIO
19	INTRODUÇÃO **OS CINCO GRANDES MALES**

A NECESSIDADE DO DIREITO NATURAL

31	1 LEI E VIRTUDE

AS FONTES DO DIREITO NATURAL

45	2 ECOLOGIA
65	3 FÍSICA
91	4 PSICOLOGIA

A POLÍTICA DA CONSCIÊNCIA

123	5 *PAIDEIA*
157	6 *POLITEIA*
197	7 UM SELVAGEM MAIS EXPERIENTE E MAIS SÁBIO
227	EPÍLOGO **LIBERTAÇÃO VERDADEIRA**
229	NOTA BIBLIOGRÁFICA
239	ÍNDICE REMISSIVO
251	REFERÊNCIAS BIBLIOGRÁFICAS

NOTA À EDIÇÃO BRASILEIRA

Em *A vingança de Platão*, William Ophuls examina o conceito de sustentabilidade, debatendo-o face à complexidade do mundo pós-industrial, tecnologicamente sofisticado, em que vivemos. Como é possível pensar sobre e investir em modos de vida e produção sustentáveis, tendo em vista o que chama de os cinco males da civilização: "exploração ecológica, poderio militar, desigualdade econômica, opressão política, mal-estar espiritual"?

Em um mundo baseado na competitividade e nas ciências, o autor assinala a essência política do homem como fator decisivo para a reconquista de uma maturidade ética e social, capaz de preservar o planeta para as gerações futuras. Como é possível promover experiências de vida que se aproximem da natureza em vez de destruí-la?

Para ele, a filosofia política ensejada por *A república*, de Platão, vislumbra a busca de uma vida melhor e mais consciente, assemelhando-se à poesia. Ophuls aponta a necessidade da constituição de uma consciência política baseada na ecologia.

Com esse intuito, estabelece leituras inovadoras de filósofos como Platão, Hobbes e Rousseau, que se somam a conceitos científicos, históricos e econômicos, aproximando-os da contemporaneidade para ponderar sobre temas relacionados à ecologia, ao meio ambiente e à sustentabilidade.

Ao refletir sobre o papel do cidadão e o imperativo da criação de políticas de preservação da natureza, o livro dialoga com os preceitos do Sesc São Paulo nesse espectro.

PREFÁCIO

Este livro conclui a tarefa que me impus muitos anos atrás: encontrar uma resposta política humana e eficaz ao desafio da escassez ecológica. O desafio resulta de um conjunto de limites biológicos, geológicos e físicos entrelaçados, que agora ameaçam o bem-estar e, possivelmente, a existência da civilização industrial.

Em 1977, publiquei *Ecology and the Politics of Scarcity* [Ecologia e a política da escassez], sustentando que as economias políticas modernas, afeiçoadas ao "desenvolvimento econômico", estavam em rota de colisão com as leis da ecologia, que impedem o crescimento contínuo. Todo o conjunto de ideias, instituições e práticas modernas baseado na abundância teria de ser substituído por outro, baseado na escassez, que estava na iminência de emergir de novo com força inesperada. Quer gostassem ou não, os seres humanos em pouco tempo seriam obrigados a renunciar ao crescimento material constante, criando uma economia política de estado estacionário, que permitiria à humanidade viver em equilíbrio harmonioso e de longo prazo com a natureza.

Como a subjugação da escassez por meios tecnológicos é profissão de fé moderna, esse argumento ecológico foi, em geral, rejeitado completamente, com base na hipótese de que as forças de mercado e a inventividade humana sempre superam as restrições materiais. Na medida em que o argumento ecológico era aceito como real, foi, em grande parte, mal compreendido, e a resposta política – primeiro para moldar o problema em termos de preocupação ambiental, em vez de perigo ecológico, e depois para tentar mitigar o desperdício e a poluição, mas ignorando a dinâmica antiecológica que os criaram – foi, portanto, superficial. Em resumo, era uma atitude de deixar as coisas como estavam, com algumas modificações modestas, destinadas a tratar os sintomas mais evidentes da doença ecológica.

O fracasso de entender que a raiz da doença não envolve *políticas* públicas imperfeitas, mas uma *filosofia* pública imperfeita, motivou-me a retomar a discussão em 1997, com a publicação de *Requiem for Modern Politics* [Réquiem para a política moderna]. Nessa obra, sustentei que o paradigma político moderno – isto é, o corpo de conceitos e crenças políticos herdado de Thomas Hobbes e seus sucessores – estava destinado à autodestruição antes mesmo do surgimento da escassez ecológica. Esse paradigma não é mais sustentável intelectualmente, nem viável na prática, porque qualquer sistema de governo que abandona a virtude e rejeita a comunidade torna-se necessariamente criador de seu próprio fracasso. As tendências de decadência moral, colapso social, excesso econômico e despotismo administrativo, que são evidentes por toda parte do assim chamado mundo desenvolvido, atestam a necessidade de uma nova filosofia pública, assentada sobre bases políticas e também ecológicas.

Este livro tenta traçar o esboço básico dessa filosofia: uma teoria de direito natural da política baseado em ecologia, física e psicologia. Dessa maneira, explicito os princípios básicos do regime ecológico que estava implícito em minha obra anterior e acrescento material novo para enriquecer a teoria.

Comecei com a premissa radical de que "sustentabilidade", como geralmente entendida, é um oximoro. O homem da era industrial utilizou a riqueza descoberta no Novo Mundo e os estoques de hidrocarbonetos fósseis para criar um Titanic antiecológico. Fabricar espreguiçadeiras recicláveis, abastecer as caldeiras com biocombustíveis, instalar guinchos e molinetes híbridos, assim como todas as outras iniciativas para "esverdear" o Titanic fracassarão no final. Em última análise, o navio está condenado pelas leis da termodinâmica e pelos implacáveis limites biológicos e geológicos que começam a aparecer. Em pouco tempo seremos obrigados a trocar o Titanic por uma escuna; em outras palavras, um futuro pós-industrial, que, por mais sofisticado que seja tecnologicamente, assemelha-se ao passado pré-industrial em diversos aspectos importantes. Este livro tenta visualizar a política dessa embarcação menor, mais simples e mais modesta.

A partir dessa premissa radical, que não será facilmente aceita, deriva um retorno aos princípios iniciais. Em vez de competir com especialistas contemporâneos em assuntos ambientais, decidi recorrer desde o começo a autores clássicos, testados pelo tempo, que atacaram de modo eloquente e convincente os problemas centrais da política. Achei alguns autores, como Platão e Jean-Jacques Rousseau, mais esclarecedores e pertinentes do que outros para alcançar meu objetivo – a saber, estimular os leitores a questionar nossas suposições sociais, econômicas, políticas e até morais mais básicas como primeiro passo para imaginar um futuro verdadeiramente ecológico.

Em outras palavras, escrevi um ensaio provocador, e não um tratado erudito. A medida de meu sucesso será a capacidade de desafiar a convenção e de levar a discussão para além de uma busca desencaminhada pela assim chamada sustentabilidade, na direção de um exame mais profundo de nossos princípios básicos. A escassez ecológica não é um problema capaz de ser solucionado dentro do arcabouço antigo, mas sim um apuro ou dilema capaz de ser solucionado somente por um novo modo de pensar. O resultado dessa nova filosofia será uma nova ordem política.

Meu ensaio não descreve essa nova ordem. Nem eu prescrevo um sistema específico de governo ou seus poderes precisos. Em vez disso, enfoco a base epistemológica, ontológica e ética da política e, em seguida, sugiro aonde isso pode levar. Não obstante, deve ficar claro onde reside minha afinidade: na forma fundamentalmente limitada, jeffersoniana e republicana de governo. Isso não é resultado de mera predileção, mas decorrência do que, para mim, a realidade ecológica exige.

No entanto, devemos manter a mente aberta. A experiência de viver em diferentes culturas me ensinou que nenhum sistema de governo serve a todas as pessoas e a todas as circunstâncias. No final das contas, há sabedoria no conhecido dístico de Alexander Pope: "Deixemos que os tolos discutam formas de governo; O governo mais bem administrado é sempre o melhor.[1]"

Como a boa administração varia necessariamente conforme as condições vigentes numa sociedade, procurei enquadrar minha teoria de modo que ela possa ser a base de muitos tipos distintos de arranjos políticos, desde a monarquia tribal até a democracia direta.

Alguns podem alegar que dificilmente uma mudança radical na filosofia pública é uma solução prática ou factível – como se fosse ilegítimo propor respostas aos nossos problemas que não estejam de acordo com as ideias feitas ou que não possam ser implementadas pelas instituições existentes. No entanto, se nossos problemas foram criados por certo modo de pensar, então a única solução real é adotar um novo modo de pensar, e não criar ratoeiras políticas ou econômicas espertas, baseadas nas antigas. Dizem que Albert Einstein afirmou o seguinte: "nenhum problema pode ser solucionado a partir do mesmo nível de consciência que o criou". E uma vez adotado, o novo nível de consciência gerará quase automaticamente as medidas práticas necessárias. Por que é tabu propor mudança política quando permitimos complacentemente mudanças tecnológicas massivas e não legisladas, que têm o efeito de subverter a ordem social? O atual regime político norte-americano não é sagrado. Se os pais fundadores dos Estados Unidos pudessem ver como a Constituição que moldaram com tanta prudência foi subvertida por sua descendência política, ficariam chocados. A única solução genuína para o nosso apuro é uma

---

[1] For Forms of Government let fools contest; / Whate'er is best administered is best.

nova filosofia política, por mais impraticável, inexequível ou até herética que possa parecer aos partidários da antiga.

Para alguns, na prática, a filosofia política é irrelevante, pois a técnica e a finança, e não a poesia, legislam agora em favor da humanidade. Isso torna nossas ideias governativas meras consequências ou argumentações, e não causas. Contudo, John Maynard Keynes sustentou o contrário, afirmando que homens de negócios práticos são, na realidade, escravos intelectuais de escrevinhadores defuntos. Em nosso caso, somos escravos de Thomas Hobbes. Apesar de seu lamento, no fim da segunda parte de *Leviatã*, de que seu labor filosófico era tão "inútil" quanto o de Platão em *A República*, as ideias de Hobbes, quando revisadas e elaboradas por John Locke e Adam Smith, tornaram-se o modelo da vida moderna – isto é, vida aparentemente determinada pela técnica e pela finança. Em outras palavras, o rolo compressor econômico e tecnocrático que está nos levando a um futuro cada vez mais caótico e sombrio é apenas a manifestação física da filosofia em geral desconhecida de Hobbes. Até inventarmos e implementarmos uma filosofia inspirada em uma visão de futuro mais gratificante e genuinamente sustentável, nada poderá mudar para melhor. No final das contas, não só as ideias importam, mas talvez sejam tudo o que importa. Como Keynes afirmou, "o mundo é regido por pouca coisa a mais".[2] Inevitavelmente, o processo é dialético: quando as ideias tendem à forma concreta, essa forma afeta nosso modo de pensar. Adaptando o tributo de Winston Churchill ao poder da arquitetura: "moldamos nossas instituições e, na sequência, nossas instituições nos moldam".

Os autores costumam agradecer aos seus benfeitores. Minha gratidão por tantas bênçãos – entre elas, as pessoas, os livros e as experiências que me tornaram quem sou e que moldaram meu modo

---

2   John Maynard Keynes, *The General Theory of Employment, Interest and Money*, Londres: Macmillan, 1936, p. 383.

de pensar – não conhece limites. Com respeito a minhas dívidas mais imediatas, esse é um ensaio, e não uma monografia; assim, só mencionei as influências e apropriações mais importantes. Portanto, meus agradecimentos aos muitos outros estudiosos que também se esforçaram para enfrentar a problemática ecológica em todos os seus múltiplos aspectos, mas cujas obras não são mencionadas aqui. Eles prepararam o terreno para meu empreendimento mais radical. Possa essa obra, de alguma maneira, recompensar essas muitas dívidas.

Dediquei meu primeiro livro "à posteridade, que nunca fez nada contra mim", porque julguei o egoísmo e a destrutividade casual de nosso estilo de vida consumista tão ofensivos moralmente como cegos ecologicamente. Este livro também é dedicado à posteridade, na forma concreta de meus netos. Que eles sejam os substitutos das futuras gerações, que terão de sofrer o legado doloroso da malfeitoria ecológica passada e descobrir um modo inteiramente novo de serem civilizados num planeta abarrotado e finito. Para todos eles, ofereço minhas condolências pela Terra depauperada e envenenada que receberão como herança. Espero que tenham sucesso onde falhamos em criar uma civilização digna do nome.

INTRODUÇÃO **OS CINCO GRANDES MALES**

> *As opiniões mudam, os costumes se transformam, os credos passam por ascensão e queda, mas as leis morais estão escritas nas tábuas da eternidade.*
>
> James Anthony Froude[1]

Desde sua origem, a civilização foi marcada por cinco grandes males: exploração ecológica, agressão militar, desigualdade econômica, opressão política e mal-estar espiritual. Nossos antepassados pré-civilizados, porém, não devem ser idealizados ou romantizados. Suas vidas eram árduas, seus hábitos frequentemente sórdidos e seus costumes ocasionalmente selvagens. A morte violenta era algo comum. Eles tampouco eram anjos ecológicos: antes de aprenderem a viver em equilíbrio, exterminaram a fauna e devastaram a flora.[2] No entanto, apesar das acusações que podem ser lançadas contra nossos antepassados, com o tempo eles desenvolveram maneiras de viver em harmonia com a Terra e uns com os outros. Acima de tudo, desfrutaram aquilo que o antropólogo pioneiro Lewis Henry Morgan denominou "a liberdade, a igualdade e a fraternidade das antigas gentes"; ou seja, a memória do que ainda subsiste na consciência coletiva da raça humana.[3] Por fim, possuíam uma religião natural, sem doutrinas, sacerdotes ou igrejas; a célebre *participação mística*, que os ligava ao cosmos e dava sentido às suas vidas.

---

1 John Anthony Froude, *apud* lorde Acton, "The Study of History", 11 jun. 1895 (em geral, atribuído de forma equivocada ao próprio Acton).
2 Tim Flannery, *The Future Eaters*, Nova York: Grove, 2002; Tim Flannery, *The Eternal Frontier*, Nova York: Grove, 2002.
3 Lewis Henry Morgan, *Ancient Society*, New Brunswick: Transaction, 2000, p. 552.

Dessa perspectiva, a ascensão da civilização constitui uma barganha faustiana ou até mesmo uma queda trágica em relação à graça primitiva. Depois que os seres humanos abandonaram o nicho ecológico em que tinham se desenvolvido, deixaram a condição de plenitude natural, embora bruta, por uma vida de trabalho duro nos campos e nas minas. Tornaram-se mais numerosos e prósperos, mas menos saudáveis.[4] Os meios tecnológicos que utilizaram para enriquecer também prejudicaram a natureza e transformaram a guerra de esporte sangrento em veículo para conquista ou exterminação. A liberdade foi substituída pela autoridade, a igualdade pela hierarquia e a fraternidade pela desunião. A maioria, que tinha outrora vivido em pequenos bandos com parentes e iguais, ficou sujeita a poucos: imperadores, reis e tiranos, que expropriaram a riqueza produzida por eles. A religião natural deu lugar à religião organizada, cujos sacerdotes, ritos e doutrinas serviam principalmente aos interesses dos opressores, mesmo quando ofereciam algum consolo aos moradores marginalizados das antigas cidades. Em resumo, as vantagens inegáveis da civilização cobraram um alto preço.[5]

Boa parte disso era evidente aos filósofos e políticos que criaram o mundo moderno, mas seu diagnóstico da doença – e, portanto, do tratamento proposto – era imperfeito. Procuraram curar dois dos cinco grandes males (a desigualdade econômica e a opressão política) reforçando dois outros: a exploração ecológica e a agressão militar. Como consequência, a era moderna é marcada pelo *éthos* do conquistador.

---

[4] Mark Nathan Cohen, *The Food Crisis in Prehistory*, New Haven: Yale University Press, 1977; Mark Nathan Cohen, *Health and the Rise of Civilization*, New Haven: Yale University Press, 1991. Ver, também, Mark Nathan Cohen & George J. Armelagos (ed.), *Paleopathology at the Origins of Agriculture*, Orlando: Academic Press, 1984.

[5] Jared Diamond considera a adoção da agricultura como "uma catástrofe da qual jamais nos recuperamos". Cf. Jared Diamond, "The Worst Mistake in the History of the Human Race", *Discover*, maio 1987, pp. 64-6.

Os cientistas dominam a natureza em seus laboratórios, de modo que os engenheiros possam construir arsenais e fábricas, os industriais possam produzir armas e mercadorias, e os soldados e os mercadores possam dominar as terras e os mercados do mundo.

Esses pensadores eram motivados pela busca por poder, visando o domínio da natureza, que promoveria o domínio sobre o mundo. No entanto, como lorde Acton disse de forma memorável, o poder corrompe, e quanto mais absoluto o poder, pior a corrupção. De fato, o poder parece enlouquecer homens e mulheres, sendo o húbris o pior sintoma da doença.

A resposta dos *filósofos* do Iluminismo ao quinto grande mal foi igualmente problemática. Começaram a libertar homens e mulheres da religião clerical, pois detestavam a venalidade, o empenho inquisitorial e a política reacionária da Igreja estabelecida, e tiveram muito êxito em esmagar o *infâme* de Voltaire. Quando o bebê da moralidade foi jogado fora junto com a água do banho da superstição, a consequência foi um processo de desmoralização, que começou lentamente, mas agora se tornou uma confusão.

Essa desmoralização apresenta três aspectos: a corrupção da moralidade e dos costumes, o solapamento da moral e a difusão da confusão. Isso resultou na perda de quase todo o senso de honra, dever e responsabilidade. A solidariedade também se corroeu, à medida que indivíduos e grupos se envolvem numa luta por poder e riqueza em que o vencedor leva tudo. Por mais abarrotadas de mercadorias que as pessoas dos países ricos possam estar, elas sentem que estão sujeitas a um sistema imenso, impessoal e fora de controle, que lhes dá o direito de voto, que geralmente obedece a regras jurídicas, mas que lhes nega liberdade e igualdade reais. A fraternidade está totalmente fora de questão. Por fim, e igualmente importante, como Deus está morto e apenas a razão instrumental é levada em conta, toda autoridade e toda orientação foram destronadas. Assim, homens e mulheres perderam não só seus suportes intelectual e espiritual, mas até os meios pelos quais obtê-los.

Portanto, os cinco grandes males da civilização tornaram-se infortúnios que ameaçam a existência continuada da sociedade humana. A exploração ecológica degenerou-se num abuso sistemático e implacável da natureza, provocando degradação e exaustão aceleradas de nosso ambiente natural. Nós mesmos começamos a sofrer certas inconveniências, e nossos netos candidatam-se a herdar um planeta envenenado e depauperado. De fato, à medida que a era do petróleo chega ao fim, a base material para uma cultura tecnológica avançada, capaz de sustentar bilhões de pessoas em megacidades, não está assegurada de jeito nenhum.

Da mesma forma, a agressão militar se expandiu, rumando para um possível holocausto, uma vez que armas de destruição em massa se disseminam cada vez mais. E as guerras não são mais travadas por guerreiros corajosos e generais astutos, que se encontram frente a frente num campo de batalha, mas por burocratas e técnicos militares que não correm nenhum risco enquanto despejam remotamente a morte eletrônica sobre inimigos visíveis – ou inocentes desarmados.

Paralelamente, nosso sistema econômico ampliou muito o escopo e a escala da desigualdade econômica. Apesar de um aumento geral do conforto material, a riqueza está extremamente mal distribuída, e bilhões de pessoas continuam a viver no desamparo e na miséria. Além disso, os ricos controlam recursos inimagináveis aos antigos reis e, assim, o padrão pelo qual a pobreza é medida cresceu em grande escala.

Tampouco a opressão política desapareceu. Mesmo em Estados onde o princípio da liberdade está bem estabelecido, o peso da regulação burocrática torna-se sempre mais meticuloso, abrangendo e sufocando tudo. As liberdades tradicionais estão sendo corroídas em nome da conveniência, nos esforços de defender a segurança nacional e combater o terrorismo, o crime, as drogas e a sonegação de impostos. Uma esfera de privacidade quase não existe mais. Enquanto isso, a democracia é geralmente uma impostura: ou o dinheiro manda, ou elites políticas remotas, em conluio com interesses econômicos poderosos, tomam todas as decisões importantes.

Finalmente, o mal-estar espiritual é pandêmico. Como consequência, indivíduos desmoralizados têm de se esforçar para manter a base psíquica. Muitos recorrem a métodos mórbidos de enfrentamento, não só dependência física de drogas, álcool e tabaco, mas também dependência psicológica de comida, entretenimento, jogos de azar, pornografia, sexo, compras e esportes. Muitos simplesmente são incapazes de enfrentar os problemas. Os exércitos de assistentes sociais e psicoterapeutas podem ajudar um número limitado de pessoas, mas pouco podem fazer para salvar a sociedade, que se torna terreno fértil para todas as formas de mania.

Os pensadores que criaram o mundo moderno nunca pretenderam essa desmoralização. Acreditando, como acreditavam (não sem razão), que a religião organizada era um mal quase absoluto, procuraram nos libertar da política religiosa; ou seja, da interferência de uma Igreja estabelecida nos negócios públicos do Estado e nos assuntos privados do indivíduo. Graças aos seus esforços, nós, no Ocidente, não estamos mais sujeitos à opressão clerical ou a uma forma despótica de espiritualidade, pelo que devemos ser eternamente gratos.

No entanto, pagamos um preço alto por essa libertação. De fato, longe de criarmos uma utopia racional, banindo a superstição e exaltando a razão, geramos um vazio espiritual, que foi preenchido por ideologias políticas, sociais e econômicas absurdas e perigosas, que, frequentemente, demonstraram ser tão patológicas em suas consequências políticas quanto as religiões dogmáticas de outrora.

Em retrospecto, pode parecer surpreendente que os *filósofos* tivessem tão poucos receios de esmagar a Igreja estabelecida, um dos pilares da ordem social existente. Contudo, acreditavam que a religião tradicional era dispensável, precisamente porque tinham certeza de que a razão humana, uma vez liberta da teologia, descobriria em pouco tempo a ordem moral implícita no interior do cosmos; uma ordem à qual homens e mulheres, sendo seres razoáveis, acederiam de modo natural e voluntário.

Isso não aconteceu. A secularização promovida pelo Iluminismo assumiu uma lógica e uma dinâmica à parte. O racionalismo desalojou a razão e, assim, o único direito natural admissível era mecânico e não moral. Os seres humanos também se revelaram muito menos razoáveis e muito mais irracionais do que aqueles pensadores supunham.

O triunfo do secularismo tem tido consequências devastadoras na esfera política. Uma política puramente racional e material – sem código moral, visão de vida virtuosa nem noção do sagrado – é uma contradição em termos. Como Aristóteles assinalou, nenhum sistema de governo pode existir por muito tempo como "uma mera aliança" de indivíduos com interesses próprios.[6] O que faz uma comunidade política buscar coesão é aquilo que Aristóteles chamou de "uma regra de vida" – isto é, um *éthos* compartilhado.[7]

Porém, a regra de vida da política moderna é que não devemos ter regras positivas, apenas negativas, que nos impedem de prejudicar os outros, mas que nos deixam livres. Os próprios cidadãos devem apoiar a comunidade por meio de instituições sociais – igrejas, escolas, associações voluntárias, redes informais – que inculcam um *éthos* compartilhado e fomentam um senso de destino comum. Em outras palavras, o esteio indispensável do Estado moderno é a sociedade civil, pois sozinha fornece a coesão de que o regime liberal carece.

Infelizmente, o processo de desmoralização descrito acima destruiu com eficácia a moralidade, os costumes e o moral da sociedade civil. Como consequência, o regime hoje é, cada vez mais, uma mera aliança de indivíduos com interesses próprios, que perseguem seus próprios fins particulares e aceitam somente restrições mínimas em relação às suas ações. A liberdade se converteu em licenciosidade, e a base social do Estado moderno e liberal se desgastou.

---

6 Aristóteles, *Politics*, Nova York: Oxford University Press, 1995, III, IX.
7 *Ibid.*, II, I.

De fato, o projeto da política moderna fracassou. Quando Hobbes tomou medidas radicais para separar a política da virtude e fundar o sistema de governo com base no indivíduo com interesse próprio, iniciou um movimento que libertou homens e mulheres da subserviência ao rei e ao bispo, mas também pôs em movimento um círculo vicioso de decadência moral que quase subjugou a sociedade civil. A máquina legal e burocrática do governo cresceu e ficou mais opressiva, numa tentativa geralmente inútil de compensar o declínio social. Estamos sendo conduzidos a um despotismo administrativo que aniquila tanto a liberdade quanto a privacidade, porque é a maneira mais conveniente de lidar com o colapso moral provocado pelos nossos princípios políticos básicos.

Não é nada bom que uma política secular e racional tenha destruído sua própria base e, agora, pareça empenhada em criar um Leviatã. Ainda mais perigoso é desprender homens e mulheres de suas tradicionais amarras culturais e religiosas, deixando-os à deriva num cosmos sem sentido, carente de respostas claras, metafísicas ou práticas aos problemas básicos da vida.

A vertigem espiritual resultante é responsável por grande parte da disfunção social e pessoal mencionada acima e, também, pela história calamitosa do século XX. Apenas alguns artistas, filósofos e espíritos livres prosperaram na abertura radical do niilismo cultural. A pessoa comum o odeia, e se as pessoas não obtêm respostas satisfatórias para as perguntas da vida a partir de sua cultura herdada, irão buscá-las em outra parte. Isso explica o apelo popular das ideologias fanáticas, que embeberam o último século de sangue (e do fundamentalismo religioso que, atualmente, ameaça fazer o mesmo neste século).

Na realidade, o que o Iluminismo fez não foi exatamente abolir a religião, mas redirecionar a energia espiritual da tradição judaico-cristã para fins mundanos. Nós, modernos, somos exatamente tão religiosos quanto nossos antepassados pré-modernos, mas escolhemos cultuar dois deuses selvagens: Moloch e Mamon. Aqueles que cultuam Moloch convertem a política numa religião pervertida. Procuram preencher o vazio provocado pelo niilismo cultural com credos seculares escatológicos dedicados à obtenção de um ideal utópico de perfeição social. Aqueles que cultuam Mamon convertem a política numa religião do eu. Procuram preencher o vazio fartando-se de prazer, transformando sua própria autogratificação num princípio moral e explorando o Estado com fins egoístas. Os dois são deuses falsos. Nem a ideologia, nem o amor à boa vida podem satisfazer as necessidades espirituais dos seres humanos ou torná-los verdadeiramente felizes, e as duas coisas tendem à destruição.

Nosso estilo de vida secular, racional e amoral está fracassando. Não obstante qualquer mito cultural em contrário, esse estilo de vida não representa um avanço progressivo da civilização ao "fim da história", mas, sim, uma intensificação das imperfeições inerentes da civilização, que podem acabar apenas em tragédia. Devemos reinventar a civilização, de modo que ela outra vez se assente sobre uma base moral, descobrindo uma nova "regra de vida" que modere, em vez de magnificar, os cinco grandes males. E agora temos os meios de fazer isso. A revolução epistemológica e ontológica do século XX, que produziu a ecologia de sistemas, a física de partículas e a psicologia profunda, revela uma ordem moral imanente dentro da descrição científica do universo. Dessa ordem – "escrita nas tábuas da eternidade" – podemos deduzir princípios que podem constituir a base para a governança humana e prudente. Em outras palavras, redescobrimos o tipo de direito natural visualizado pelos *filósofos*. Atualmente, entendemos, melhor que nossos antepassados do Iluminismo, os meios pelos quais podemos efetivar esses princípios sem ressuscitar os males da religião organizada.

Neste livro, começo examinando o papel desempenhado pela lei na sociedade humana antes de mostrar que a ecologia, a física e a psicologia concordam em nos apontar uma política da consciência dedicada a expandir a percepção humana, em vez de ampliar o domínio humano. A menos que os meios da civilização sejam logo direcionados para um fim mais alto do que a acumulação incessante de riqueza e poder, o próprio empreendimento da civilização – e não só nossa forma específica do mesmo – pode não sobreviver por muito tempo.

A NECESSIDADE
DO DIREITO NATURAL

LEI E VIRTUDE

Quanto mais corrupto é o Estado, mais numerosas são as suas leis.
Tácito[1]

A vida moderna é fundamentalmente ilegal. Temos uma abundância ou até mesmo um excesso de leis feitas pelos homens, mas a moralidade legislada é um expediente inadequado e potencialmente perigoso, tornado necessário pela ausência de uma ordem moral básica, a base fundamental de qualquer sociedade. Sem essa base, empilhar lei sobre lei apressará, em vez de evitar, o advento do colapso social e político.

A legislação não é substituta da moralidade. Para Aristóteles, "as melhores leis, embora sancionadas por todo cidadão do Estado, não terão utilidade, a menos que os jovens sejam capacitados pelo hábito e pela educação no espírito da Constituição".[2] Para Hippolyte Taine, "o objetivo de toda sociedade deve ser um estado de coisas em que todo homem seja seu próprio condestável, até que, finalmente, nenhum outro seja requerido".[3] Os costumes, e não as leis, nos tornam cumpridores das leis e nos deixam imbuídos de espírito público.

---

1 Tácito, "Corruptissima re publica plurimae leges", *Annals*, III, 27. Para uma tradução alternativa e o contexto completo, ver Cornélio Tácito, *The Annals*, Nova York: Oxford University Press, 2008, p. 109.
2 Aristóteles, *The Politics*, Mineola: Dover, 2000, V, IX.
3 Hippolyte Taine, *Notes on England*, apud Gertrude Himmelfarb, *The De-moralization of Society*, Nova York: Vintage, 1996, p. 39.

Se invertermos a ótica, podemos considerar que, na ausência de uma disposição interior de se comportar moralmente, as pessoas encontrarão inevitavelmente maneiras de evitar, contestar, adiar ou frustrar o funcionamento das leis. Isso precipita uma corrida armamentista legal. Os indivíduos interesseiros, sem a restrição da virtude, aproveitam oportunidades para subjugar a lei aos seus próprios fins egoístas, e esse comportamento requer ainda mais legislação para fechar as brechas, e assim por diante, indefinidamente. O resultado é um labirinto de leis, que ficam sempre mais intricadas e corruptas.

Para explicar claramente o silogismo implícito de Tácito:

- Num Estado saudável, as leis são poucas, simples e genéricas, pois as pessoas são morais, cumpridoras das leis e imbuídas de espírito público, o que as torna fáceis de governar.
- Num Estado enfermo, as leis são muitas, complexas e meticulosas, pois as pessoas são amorais, ardilosas e interesseiras, o que as torna difíceis de governar.
- Portanto, quanto mais numerosas são as leis, mais corrupto é o Estado, e vice-versa.

Por esse padrão, os Estados Unidos são irremediavelmente corruptos. De fato, talvez seja a sociedade mais infestada de leis que já existiu. O volume e a complexidade das leis e a rapidez com a qual são emendadas zombam da ficção legal de que o "desconhecimento da lei não exime de seu cumprimento".[4] Mesmo os especialistas em tempo integral consideram o labirinto intimidante, e os burocratas que impõem as leis sobre o público frequentemente erram na interpretação delas.

---

4   Segundo Harvey A. Silvergate, todas as pessoas se tornam criminosas por causa da abundância de leis. Cf. Harvey A. Silvergate, *Three Felonies a Day*, Nova York: Encounter Books, 2009.

As leis não são só cada vez mais numerosas, complexas e superabrangentes, mas também são mais draconianas e até tirânicas. De fato, afirmou Edmund Burke, "as leis ruins são o pior tipo de tirania".[5] Por exemplo, a sentença obrigatória significa que os juízes não podem abrandar o julgamento com misericórdia ou bom senso. Assim, as prisões ficam cheias de pequenos criminosos, candidatos à reabilitação e também de delinquentes violentos. Falar de um *gulag* norte-americano não é fútil: moralidade legislada possui custos sociais reais.[6] Nem sempre, graças à perda de direitos civis e a outras armas legais dadas aos promotores públicos nos últimos anos, os acusados podem ter a expectativa de preparar uma defesa adequada. Uma dessas armas, a lei RICO[7], abole a presunção de inocência sobre a qual supostamente repousa o sistema de justiça criminal.

Também parece estarmos caminhando rumo a um estado policial, em que o interesse do Estado sobrepuja os direitos civis. Explorando o medo popular de criminosos e terroristas, as sucessivas administrações presidenciais concentraram poder cada vez mais coercitivo nas mãos do Estado; um poder que funciona atrás de um escudo de segredos, para eliminar direitos consagrados à privacidade e à liberdade. Numa evolução que evoca lembranças da vida atrás da Cortina de Ferro, banqueiros, terapeutas, farmacêuticos,

---

5   Edmund Burke, "Speech to the Electors of Bristol", 1780.
6   Como os norte-americanos "são encarcerados por crimes [...] que raramente resultam em sentenças de prisão em outros países [e] são mantidos encarcerados por mais tempo que os prisioneiros de outros países", os Estados Unidos, com menos de 5% da população mundial, "têm quase um quarto dos prisioneiros do mundo". Cf. Adam Liptak, "Inmate Count in U.S. Dwarfs Other Nations'", *New York Times*, 23 abril, 2008. Em consequência, cerca de 1% da população adulta norte-americana está encarcerada – muitos por delitos relativamente sem importância e não violentos – e cerca de 16% dos funcionários dos governos estaduais trabalham no sistema penitenciário. Cf. Adam Liptak, "One in One Hundred U.S. Adults behind Bars, New Study Says", *New York Times*, 28 fev. 2008.
7   [N.E.] RICO: Racketeer Influenced and Corrupt Organizations [Organizações Corruptas e Extorsionárias].

professores e outros civis são agora legalmente obrigados a espionar seus concidadãos.⁸

Como indicado na introdução, o Estado moderno, corrupto e infestado de leis, de que os Estados Unidos são um exemplo proeminente, resulta de uma desmoralização, que é uma consequência inevitável de nossos princípios políticos básicos. E o processo é quase irreversível. Assim como a Lei de Gresham em economia, que afirma que a moeda má expulsa a moeda boa, podemos dizer que a moeda moral é continuamente degradada.

Uma vez que a desmoralização está bem avançada, as iniciativas de reforma exacerbam o problema. Sem um consenso, a tentativa de alguns de impor a moralidade sobre outros, por lei, enreda a sociedade numa guerra perpétua a respeito de questões como crime, drogas, aborto e instrução. Portanto, os substitutos legais para a moralidade são um sintoma da doença, e não uma cura. Não detêm a decadência moral, mas promovem a corrupção do Estado. Quando as leis não são mais percebidas como princípios gerais da justiça, mas, em vez disso, são vistas como produto do egoísmo organizado, da briga faccionária ou da intromissão moralista, então todo o respeito pela lei é perdido, e até a legitimidade do Estado é posta em dúvida.

Mas como nossos princípios políticos básicos podem fomentar a desmoralização e as perigosas consequências descritas acima? O sistema de governo liberal não é a resposta final para o enigma da política, ou, ao menos, a resposta melhor do que todas as outras? Apesar do estandarte do progresso sob os quais marcham, as formas

---

8 Por exemplo, a Financial Crime Enforcement Network (Rede de Fiscalização de Crimes Financeiros), do Departamento do Tesouro dos Estados Unidos, exige que os bancos apresentem relatórios de atividade suspeita. Como a penalidade pelo descumprimento é severa, e os critérios de atividade suspeita são vagos, os bancos relatam qualquer coisa extraordinária. Da mesma forma, os professores e os terapeutas podem ser severamente penalizados por não relatarem abusos contra crianças. Como o seguro morreu de velho, melhor ser desconfiado.

de governo liberais são autodestrutivas. Tanto na teoria como na prática, dependem da razão e do autocontrole, isto é, de cidadãos que sabem a diferença entre liberdade e licenciosidade e que se governam de maneira apropriada. No entanto, a amoralidade intrínseca do liberalismo primeiro desgasta, depois corrói e finalmente dissolve essas aptidões.

Para encurtar a história, todo o sistema de governo moderno está enraizado na rejeição de Hobbes em relação à concepção clássica de sistema de governo: ou seja, aquela segundo a qual o Estado tem o dever de tornar os homens e as mulheres virtuosos, de acordo com algum ideal comum. Em vez disso, afirmou Hobbes, deixem que os indivíduos sigam seus próprios ideais e que persigam seus próprios fins, com o Estado atuando simplesmente como árbitro, para impedir danos ou prejuízos aos outros. Portanto, a função do Estado é meramente instrumental: manter a paz e transferir a moralidade para a esfera privada.

Infelizmente, ao tornar instrumental a política, e não normativa, Hobbes e seus seguidores criaram um círculo vicioso, que levou à desmoralização. Se os indivíduos são deixados aos seus próprios recursos morais, com nada além da racionalidade para guiá-los, afirmou Will Durant, não pode haver outro resultado:

> A alforria brilhante da mente minou as sanções supernaturais da moralidade, e outras não foram encontradas para substituí-las de maneira eficaz. O resultado foi um repúdio das inibições, uma liberação do impulso e do desejo, uma exuberância de imoralidade tão vistosa que a história não conhecera desde que os sofistas estilhaçaram os mitos, libertaram a mente e afrouxaram a moralidade da Grécia Antiga.[9]

---

9 Will Durant, *The Story of Civilization*, vol. 5, *The Renaissance*, Nova York: Simon & Schuster, 1953, p. 567.

Os costumes não são uma questão de cálculo racional, mas de convicção sincera. A razão pode (como Hobbes e seus discípulos liberais sustentaram) nos instruir em virtude, mas isso tende a ser eficaz somente para filósofos. Os demais precisam de um remédio mais forte. Sem esse remédio, o sentimento que mantém os indivíduos obedientes à lei, mesmo na ausência de lei positiva, está fadado a ficar cada vez mais fraco, conforme a razão sucumbe à paixão. Como Durant sugere, longe de inculcar contenção moral, uma razão que é excessivamente racional torna-se parte do problema. A racionalidade pode começar benignamente, libertando-nos da superstição, mas após se desfazer do mito e da religião ao longo do caminho, acaba desconstruindo brutalmente toda forma de significado ou autoridade.

A amoralidade e o niilismo não eram problemas na origem da era moderna, pois a sociedade foi, durante muitos anos, sustentada pelas virtudes e crenças herdadas da era pré-moderna. No entanto, depois que o filão da virtude e da crença fósseis sofreu erosão, os indivíduos ficaram cada vez mais interesseiros, amorais e até imorais.

O cálculo moral da política liberal foi sucintamente exposto pelo Marquês de Sade, que pressagiou, por meio da própria conduta depravada, as consequências fatídicas de permitir que os costumes fossem uma questão de escolha privada. Escrevendo em 1797, Sade notou que a adoção do interesse próprio como "regra única para definir o justo e o injusto" tornava a moralidade uma ficção: "não há Deus nesse mundo, nem há virtude, nem há justiça; não há nada bom, útil ou necessário, exceto nossas paixões, nada merece ser respeitado, exceto seus efeitos".[10]

Para evitar a anarquia, o declínio da legalidade interior resultante da desmoralização demanda necessariamente um aumento da coerção externa. O Estado moderno foi obrigado a intervir para substituir uma sociedade civil cujo vigor foi minado pela entropia moral. Em

---

10 Marquês de Sade, *Juliette*, Nova York: Grove, 1994, pp. 605, 607.

resumo, exatamente como o próprio Hobbes sustentou, um Leviatã (que, em nossa época, significa uma tirania legal e administrativa cada vez mais coercitiva) é o fruto amargo e paradoxal de um sistema de governo baseado em princípios liberais, mas amorais.

Escrevendo na esteira da Revolução Francesa, Edmund Burke articulou um axioma político que pode ter previsto esse resultado:

> Os homens são qualificados para a liberdade civil na exata proporção de sua disposição de colocar grilhões morais em seus próprios apetites... A sociedade não pode existir a não ser que um poder controlador da vontade e do apetite seja posto em algum lugar, e quanto menos dele existir dentro, mais deve haver fora. Está ordenado na constituição eterna das coisas que os homens de mentes destemperadas não podem ser livres. Suas paixões forjam suas algemas.[11]

Em outras palavras, um governo limitado, compatível com ampla liberdade pessoal, requer um povo virtuoso; um ponto bem entendido pelos autores da Constituição norte-americana. Como John Adams afirmou, "nossa constituição foi feita somente para um povo moral e religioso. É completamente inadequada para o governo de qualquer outro povo".[12] James Madison estendeu esse entendimento para toda a discussão política: "supor que qualquer sistema de governo assegurará liberdade ou felicidade sem que o povo tenha alguma virtude é uma ideia quimérica".[13] No final das

---

11 Edmund Burke, "Letter to a Member of the National Assembly", *Reflections on the Revolution in France*, Nova York: Oxford University Press, 1791, p. 289.
12 John Adams, carta de 11 out. 1798, apud Robert Ferrell, *The Adams Family*, Nova York: Publius Press, 1969, p. 12.
13 *Apud* Robert N. Bellah *et al.*, *Habits of the Heart*, Berkeley: University of California Press, 1985, p. 254. Ver também Lorraine Smith Pringle, *The Political Philosophy of Benjamin Franklin*, Baltimore: Johns Hopkins University Press, 2007, p. 23, para uma versão mais incisiva de Franklin: "apenas um povo virtuoso tem a possibilidade de liberdade".

contas, viver legalmente, em vez de moralmente, não é desejável só sobre bases políticas: a falta de virtude do povo acarreta um governo de força e não de consentimento.

Se agora dirigirmos nossa atenção para a relação da humanidade com o mundo natural, o argumento a favor de se colocar grilhões morais na vontade e no apetite humanos torna-se ainda mais instigante. Quando Hobbes "desatrelou as paixões", libertou os homens e as mulheres das restrições morais ou religiosas impostas, mas também gerou aquilo que conhecemos como desenvolvimento econômico. Embora o Estado não tivesse mais o dever, ou até o direito, de inculcar ou impor a virtude privada, teve um papel positivo além da mera manutenção da paz; qual seja, fomentar um "modo de vida confortável". Liberado da obrigação de promover fins sobrenaturais, o Estado, dali em diante, se dedicaria às coisas deste mundo: estimular o desejo humano, sobretudo o desejo de gratificação material.

Seguindo o exemplo de Hobbes, John Locke e Adam Smith tornaram explícita essa mudança profunda de orientação, do sagrado ao secular: o propósito da política é facilitar a aquisição da propriedade privada e da riqueza nacional, junto com o poder conferido por elas. No entanto, o desventurado efeito colateral de desatrelar dessa maneira a vontade humana e o apetite humano foi a destruição da natureza.

A natureza pode não ser um agente moral no sentido usual da palavra – embora um código moral esteja implícito dentro da ordem natural –, mas tem leis e limites físicos que não podem ser transgredidos sem castigo. Tragicamente, na ausência de costumes promotores do autocontrole e do respeito pela natureza, a exploração do mundo natural tende a se converter em superexploração, pois as necessidades humanas são infinitas. Portanto, o efeito a longo prazo de paixões desatreladas foi violar as leis e os limites da natureza e provocar uma crise ecológica.

Nossos crescentes problemas ecológicos tornaram-se algo do conhecimento geral e foco crescente de preocupação política, mas com efeito muito pequeno. Afinal, nossa forma de política requer crescimento econômico perpétuo. Assim, a ideia de limites, e mais ainda a de retração, é execrada. Inebriados pelo húbris, estimamos a ilusão de que podemos dominar a natureza e projetar nossa saída da crise. Ainda não estamos prontos para admitir que a destruição da natureza é consequência não de erros de política, que podem ser remediados por meio de gestão mais inteligente, melhor tecnologia e regulamentação mais rigorosa, mas de um fracasso moral catastrófico, que exige uma mudança radical de consciência.

Portanto, o antídoto para a corrupção política e a degradação ecológica é o mesmo: uma ordem moral que governa a vontade e o apetite humanos, em nome de algum fim superior, em vez de uma gratificação material contínua. Para isso, precisamos de leis verdadeiras, e não de regras meramente prudentes ou paliativas. Mas onde encontraremos essas leis? Não serão encontradas nas religiões reveladas, antigas ou novas. Independentemente das virtudes e das vantagens da política religiosa pré-moderna, os males e as desvantagens concomitantes foram enormes, e a revolta filosófica de Hobbes foi intelectual e historicamente justificada. Talvez possam ser encontradas em alguma nova ideologia? De novo, certamente não. Se a história do século XX tem algo a ensinar é que as ideologias seculares são ainda piores que os credos religiosos em fomentar a crueldade e a violência. Isso deixa apenas uma fonte possível para um novo código moral: o direito natural; a lei "escrita nas tábuas da eternidade".

A definição clássica de direito natural por Cícero continua insuperável, ainda que necessite de um pequeno ajuste:

> A verdadeira lei é a reta razão, de acordo com a natureza; é de aplicação universal, imutável e eterna; chama ao dever por seus comandos e evita a transgressão por meio de suas proibições... Não podemos nos livrar de seu cumprimento pelo Senado nem pelo povo; não podemos procurar fora de nós por comentadores ou intérpretes dela. E não haverá uma lei em Roma e outra em Atenas, uma agora e outra

no futuro, mas uma lei eterna e imutável será válida para todas as nações e em todos os tempos.[14]

Nesse sentido, o direito natural perdeu quase toda a respeitabilidade filosófica nos tempos modernos. Como mencionado na Introdução, os *filósofos* do Iluminismo acreditavam que havia uma ordem moral perceptível no cosmos, que a ciência logo revelaria. Assim, acreditavam que o direito natural não podia ser encontrado só por meio da reflexão, mas que podíamos – e, de fato, devíamos – "procurar fora de nós", para aprender a partir da natureza. E essa foi uma correção necessária, pois o perigo de uma busca puramente introspectiva do direito natural é que podemos confundir cultura com natureza. Por exemplo, a maioria dos europeus e um número cada vez maior de norte-americanos condenam a pena de morte, mas os confucionistas não a condenam, de modo geral. Assim, a abolição da pena de morte pode ser um objetivo moral louvável, mas provavelmente não o é em relação ao direito natural. A referência a algum padrão externo – como, por exemplo, a ciência, incluindo as ciências humanas, ditas "moles" – pode desafiar o etnocentrismo, assegurando-nos que aquilo que descobrirmos será "válido para todas as nações e em todos os tempos".

Infelizmente, a evolução da ciência seguiu um caminho bem diferente daquele pretendido pelos *filósofos*, longe de uma razão mais inclusiva e rumo a uma racionalidade cada vez mais estreita e instrumental. Aplicando os métodos das assim chamadas ciências "duras" aos assuntos humanos, os racionalistas demonstraram (para sua própria satisfação) que não havia posição epistemológica da qual deduzir direito natural ou princípio moral. Em vez de um universo sensível, carregado de significado moral, a ciência só encontrou uma máquina: matéria morta a ser explorada por economistas e engenheiros, para

---

14 Cícero, *De Republica*, III, XXII, 33, *apud* A. P. d'Entrèves, *Natural Law*, Londres: Hutchinson, 1951, p. 25.

nos deixar mais ricos e mais poderosos, não melhores. E o que uma máquina governada por fórmulas matemáticas e leis físicas tem a nos ensinar acerca de como devemos viver? Nada.

Isso nos trouxe ao impasse em que nos encontramos agora. Quando o interesse próprio exposto converte liberdade em licenciosidade e difunde a desmoralização, um Estado cada vez mais despótico procura, em vão, evitar a autodestruição moral e ecológica com medidas temporárias e leis inadequadas, que causam geralmente mais danos do que benefícios.

Uma saída para esse impasse emergiu agora. Como mencionado na Introdução, a revolução epistemológica e ontológica do século XX destronou de modo decisivo a visão de mundo mecânica e abriu caminho para o objetivo dos *filósofos*. Descobrindo e reconhecendo a ordem moral implícita dentro do mundo natural, podemos inferir princípios éticos que servirão como base para o sistema de governo e a sociedade do século XXI e além dele. Esses princípios não são nada novos. Os sábios de todas as épocas e tradições os recomendaram para aqueles que quiseram ouvir. A diferença agora é que aquilo que outrora era meramente sensato tornou-se imperativo se uma civilização complexa quiser sobreviver.

No entanto, é realmente possível descobrir uma base ética para a política que esteja de acordo com o direito natural? Os três capítulos a seguir sustentam que a natureza nos instrui de fato a como viver. A ecologia, a física e a psicologia – isto é, a natureza biológica, a natureza física e a natureza humana – revelam princípios morais fundamentais e eternamente válidos por meio dos quais reconstruir nosso sistema de governo. Sobre essa base virtuosa procurarei formular uma nova regra de vida aristotélica, cujo cerne básico é uma política da consciência dedicada à ideia de que enobrecer os seres humanos importa mais do que acumular matéria morta.

AS FONTES DO DIREITO NATURAL

ECOLOGIA

> *Todos os erros e insensatezes da magia, da religião e das tradições místicas são superados pela grande sabedoria que contêm: a consciência da inserção orgânica da humanidade num sistema natural complexo. E todos os brilhantes e sofisticados insights do racionalismo ocidental são desafiados pelo delírio ultrajante sobre o qual se apoiam: a autarquia humana.*
> Philip Slater[1]

Zenão, filósofo estoico, ensinou que o objetivo da vida é viver "em acordo com a natureza".[2] Mas como conseguimos saber o que isso significa? Aqueles que se apegam de maneira tenaz a um racionalismo estrito sustentariam que não é possível viver em acordo com a natureza porque não há maneira científica de ir do *ser* para o *dever-ser*, dos fatos para os valores. Da mesma forma, quase todos os filósofos modernos acompanham Nietzsche, sustentando que não existem fatos, apenas interpretações. Portanto, as linguagens do bem e do mal expressas por diversas culturas humanas não possuem valor de verdade. São apenas expressões de preconceito ou de vontade de poder. Assim, antes de abordarmos a ecologia para instrução moral, seria melhor justificar a busca em si, para que aquilo que se segue não seja completamente rejeitado.

---

1 Philip Slater, *Earthwalk*, Garden City: Anchor, 1975, p. 21.
2 Diógenes Laércio, *The Lives and Opinions of Eminent Philosophers*, apud Robert L. Arrington, *Western Ethics*, Nova York: Wiley-Blackwell, 1998, p. 110.

De acordo com Aristóteles, distintos domínios de discurso envolvem diferentes graus de exatidão.[3] Os teoremas matemáticos exigem prova firme, e as experiências científicas exigem projeto rigoroso e inferência vigorosa. No entanto, questões éticas não apresentam respostas precisas, pois discussões a respeito dos assuntos humanos nunca podem ser exatas cientificamente, sendo apenas mais ou menos razoáveis. O máximo que podemos esperar é uma análise meticulosa e compreensiva da melhor informação disponível, acompanhada por um juízo meditado quanto ao melhor rumo a seguir. Contudo, esse exercício de juízo não é contrário ao espírito científico. Como Albert Einstein observou: "axiomas éticos são descobertos e testados de modo não muito diferente dos axiomas da ciência. A verdade é aquilo que apoia o teste da experiência".[4]

Em resumo, na hipótese de que a moralidade não é simplesmente dada pela revelação, ela só pode ser razoavelmente descoberta, e não comprovada de forma racional. O positivista extremo, que insiste em que a racionalidade – que é somente um aspecto da razão, por mais útil e necessário que seja em sua esfera apropriada – é a razão em si e deve sempre ter a palavra final em toda questão, é, portanto, um fanático epistemológico, ou seja, irracional.

O positivista é ainda mais irracional hoje, em que a base epistemológica mudou, tornando obsoleto o racionalismo extremo da visão de mundo mecânica. Mas toda mudança em epistemologia implica uma mudança equivalente em ontologia e também em *éthos*. A justificativa para a busca aparentemente quixotesca do direito natural que estamos prestes a empreender emergirá da própria busca. Como é exposto a seguir, a ciência não apoia mais a epistemologia e a ontologia racionalistas, que fomentaram uma ética amoral e

---

3   Aristóteles, *Nicomachean Ethics*, I, III, diversas edições.
4   Albert Einstein, *The Einstein Reader*, Nova York: Citadel, 2006, p. 104.

isenta de valor. Ao contrário, a nova visão de mundo pós-mecânica envolve de modo lógico um *éthos* radicalmente diferente.

Minha apresentação é necessariamente seletiva e eclética. Não é um livro-texto nem um relatório referente à fronteira da pesquisa, mas uma iniciativa para extrair significado filosófico e orientação política da ecologia, da física e da psicologia. Para esse fim, procurei descobrir as metáforas que melhor transmitem a essência filosófica de cada domínio, e que de forma mais clara elucidam sua importância moral em termos leigos.

Contudo, essa busca pelo direito natural não pode nos conduzir à verdade absoluta. Como Aristóteles afirma, o conhecimento perfeito não é alcançável a respeito dos assuntos práticos ou da ética. Devemos utilizar o nosso melhor juízo. Meu objetivo não é forjar um caso científico incontestável, mas demonstrar uma base científica razoável para o argumento político a seguir. (De fato, talvez não exista algo como caso científico incontestável. Apesar do rigor de seus métodos, mesmo o conhecimento científico nunca é absoluto. A ciência é um trabalho em curso, que, algumas vezes, passa por revoluções e que, outras, descobre o extraordinário, como, por exemplo, a matéria "escura" e a energia "escura", que constituem a maior parte do universo.)

O rigor epistemológico deve se sujeitar ao senso comum e às necessidades práticas da sociedade. Se uma racionalidade irracional produz anomia social ampla e danos ecológicos extensivos, e também nos deixa com nada além de técnica para orientar os assuntos humanos, então uma razão mais criteriosa pareceria essencial, ainda que em prol da prudência.

Como mencionei anteriormente, o apuro platônico é inevitável. Uma vez que deixamos para trás o âmbito da engenharia pura, estamos presos a ficções ou mentiras sociais. Não há verdadeiro ou falso em sentido científico, apenas mais ou menos nobre, belo e útil. No entanto, essas ficções não podem opor-se aos fatos, sendo o motivo pelo qual ponho o argumento político sobre uma base científica.

Com essa breve justificativa de meu método heurístico, concentremo-nos na ecologia para ver o que ela pode nos ensinar acerca de como viver em feliz acordo com a natureza. A libertação do homem da natureza é tanto a virtude heroica da civilização como sua falha trágica. Torna possível as grandes realizações materiais e culturais que são sinônimo de civilização, mas também fomenta os males previamente enumerados; e quanto maiores as realizações, maiores os males. A tragédia da civilização industrial moderna reside em sua grandeza. Todas as civilizações anteriores exploraram o mundo natural, geralmente de modo autodestrutivo, mas nunca tentaram negar a necessidade relativa à natureza ou se afastar da natureza, muito menos se colocar sobre ela. Em contraste, a civilização industrial se jactanciou de sua capacidade de submeter o assim chamado mundo externo à sua vontade.

Essa vontade de poder sobre a natureza é a essência do húbris moderno: um fim presunçoso perseguido por meios excessivamente racionais e impulsionado por desejos irracionais. René Descartes e Francis Bacon, dois dos principais autores do moderno estilo de vida, consideravam a natureza um poder hostil, a ser dominado sem misericórdia ou escrúpulo.[5] Sigmund Freud, o último grande defensor do Iluminismo (apesar de sua própria redescoberta do irracional), indicou a origem e o caráter neurótico dessa hostilidade: "contra o temido mundo externo, podemos só nos defender... indo para o ataque contra a natureza e a sujeitando à vontade humana".[6] Assim, o húbris moderno origina-se no medo irracional e se manifesta como uma guerra ilimitada contra a natureza por riqueza, poder e domínio.

A preservação do meio ambiente é, portanto, a menor parte do problema. De fato, a civilização industrial deve parar de maltratar a natureza e exaurir os recursos antes de imitar civilizações anteriores

---

5   William Ophuls, *Requiem for Modern Politics*, Boulder: Westview, 1997, pp. 185-7.
6   Sigmund Freud, *Civilization and Its Discontents*, Nova York: Norton, 1961, p. 26.

no cometimento do suicídio ecológico.[7] No entanto, a única solução real é pôr fim ao próprio húbris, dissolvendo a hostilidade neurótica e motivada pelo medo da natureza, que alimenta o desejo de dominação.

A ecologia é a cura mais segura para o húbris moderno. Entender a ecologia é perceber que o objetivo de dominação é impossível – de fato, é demente – e que os meios crus que empregamos para esse fim estão nos destruindo. Entender a ecologia também é perceber que algumas das realizações mais louvadas da vida moderna – nossa extraordinária produtividade agrícola, as maravilhas deslumbrantes da medicina tecnológica e, de fato, até mesmo a afluência das economias desenvolvidas – não são, de jeito nenhum, o que parecem, mas, ao contrário, reduzem-se a castelos construídos sobre areia ecológica, que não podem ser sustentados a longo prazo. Em resumo, a ecologia expõe a grande ilusão da civilização moderna: nossa aparente abundância é, na realidade, escassez disfarçada, e nosso suposto domínio da natureza é, em última análise, uma mentira.[8]

Posto de modo mais positivo, a ecologia contém uma sabedoria intrínseca e uma ética implícita, que, ao transformar o homem de inimigo em parceiro da natureza, tornará possível preservar o melhor das realizações da civilização por muitas gerações e, também, alcançar uma melhor qualidade de vida civilizada. Tanto a sabedoria como a ética derivam diretamente dos fatos ecológicos da vida: limites naturais, equilíbrio e inter-relação envolvem necessariamente humildade, moderação e ligação humanas.

Como quaisquer outras espécies, o *Homo sapiens* está sujeito a limites naturais. A tecnologia dá aos seres humanos a capacidade de manipular o meio ambiente – algo de que as outras espécies, em geral, carecem. Contudo, o sucesso da humanidade nesse aspecto é, em grande

---

[7] Clive Ponting, *A Green History of the World*, rev. e atual., Nova York: Penguin, 2007; J. Donald Hughes, *Pan's Travail*, Baltimore: Johns Hopkins University Press, 1996.
[8] William Ophuls, *Requiem for Modern Politics*, Boulder: Westview, 1997, pp. 150-76.

parte, ilusório, pois foi comprado por um alto preço, simbolizado pela extinção acelerada dessas outras espécies, com tudo o que isso implica para nosso próprio futuro a longo prazo.

O homem tecnológico não aboliu a escassez natural, nem transcendeu os limites naturais. Simplesmente, ele arranjou a questão de modo que os efeitos de sua exploração sejam sentidos pelos outros. Outras espécies, outros lugares, outras pessoas, outras gerações sofrem as consequências do intensificado imperialismo ecológico da era moderna. A problemática ambiental corrente testifica o fracasso iminente dessa estratégia.

Os limites da ação humana são físicos, biológicos e geológicos, mas também sistêmicos. Reservo para o próximo capítulo uma discussão mais detalhada a respeito dos sistemas adaptativos complexos, governados por uma multiplicidade de circuitos de realimentação interagentes. Aqui, simplesmente noto que a biosfera e todos os seus ecossistemas subsidiários caracterizam-se pela dinâmica não linear, tornando-os difíceis de entender e mais duros de controlar. De fato, não podemos realmente saber quais são os limites últimos.

Se invertermos a ótica, podemos considerar que, da mesma forma que os jogos são constituídos pelas regras que regulamentam a disputa, os próprios limites constituem os sistemas naturais. Estar sem limites significa estar sem estrutura e, portanto, estar entrópico – isto é, caótico, inútil ou ininteligível. E os limites não se opõem à liberdade; como afirma Jeremy Campbell, "estrutura e liberdade não são opostos beligerantes, mas forças complementares".[9]

Portanto, atacar os limites é temerário, pois isso arrisca a destruição do sistema. E ter por meta o controle é pouco recomendado, se não impossível. Do ponto de vista dos sistemas, a estratégia

---

9 Jeremy Campbell, *Grammatical Man*, Nova York: Simon & Schuster, 1982, p. 264. Ver também James Lovelock, *The Ages of Gaia*, Nova York: Norton, 1988, pp. 40, 52.

mais sólida e segura não é o controle, mas a cooperação, aceitando os limites e trabalhando dentro deles, para alcançar objetivos humanos razoáveis, em vez de buscar a dominação e as riquezas, à custa do sistema.

Os limites, porém, são uma afronta à autoimagem do homem moderno, que acredita que é o senhor de tudo que inspeciona e que pode agir como quiser sem consultar o resto da criação. Aceitar que a espécie humana é apenas uma pequena parte de uma teia orgânica da vida, que coloca restrições fundamentais em relação a nossas ações, é remédio amargo para os herdeiros de Bacon e Descartes. No entanto, parece que teremos de engolir o remédio, abandonando o delírio de separação radical que alimenta a ilusão de domínio ilimitado.

Portanto, a humildade é a essência da sabedoria ecológica e a base de uma ética ecológica. Não só os limitados sistemas naturais se opõem aos ilimitados apetites humanos, mas os limites também nos obrigam a chegar a um acordo moral com a teia da vida – isto é, renunciar ao húbris e achar um lugar dentro da natureza, em vez de acima dela. Disso resulta o dever de lidar de modo justo com o mundo não humano e também com nossa própria posteridade.

Depois que abandonamos nosso ponto de vista antropocêntrico, podemos enxergar a limitação como uma força criativa, que fomenta a qualidade em vez da quantidade. O processo vital reage à matéria e à energia limitadas, utilizando-as de maneira mais eficiente. A consequência é a criação de ecossistemas mais ricos e mais complexos:

> Imagine a diferença entre um campo de ervas daninhas e uma floresta tropical: o primeiro possui poucas espécies de plantas e animais, que crescem rapidamente e, de maneira idêntica, morrem rapidamente, deixando pouco para trás para marcar sua passagem; o segundo campo exibe uma rica tapeçaria orgânica de inúmeras formas de vida interagindo mutuamente de maneiras complexas. Portanto, dependendo de como é organizada, a mesma provisão limitada

de energia solar pode produzir resultados bastante distintos: uma exibição breve e de brilho falso ou um estoque rico e duradouro.[10]

Esse contraste entre os assim chamados ecossistemas pioneiro e clímax – entre as ervas daninhas e a floresta tropical – indica a direção pela qual a civilização precisa evoluir. A civilização moderna é obcecada pelo crescimento quantitativo característico das ervas daninhas, e isso deve mudar. Quando nos tornarmos bastante humildes para trabalhar com os limites naturais, em vez de contra eles, utilizaremos a matéria e a energia de modo mais frugal e criaremos uma civilização clímax qualitativamente melhor.[11]

O corolário em relação aos limites naturais é o equilíbrio natural. O mundo orgânico é um sistema vivo complexo e interligado, que possui sua própria autonomia, integridade e valor. Tratar isso como se fosse simples, divisível e morto – isto é, como se fosse uma máquina a ser manipulada à vontade – revela uma falta de entendimento fatal.

O equilíbrio natural não é um estado simples ou estável, pois os sistemas vivos são fundamentalmente dinâmicos. A mudança e a adaptação são quase as únicas constantes. No entanto, como resultado do dinamismo fecundo da vida, emerge uma estabilidade surpreendente, mantida pelos mecanismos de realimentação que mantêm os sistemas vivos em equilíbrio homeostático, enquanto eles se defendem em relação à perturbação e à dança entre a ordem e o caos.

Infelizmente, a ação humana atua contra a homeostase natural. Em seu estado natural, por exemplo, os ecossistemas respondem lentamente e minimizam o rendimento; ou seja, características que promovem a estabilidade. Em contraste, o homem econômico favorece os sistemas "lucrativos" – como, por exemplo, campos de milho híbrido de crescimento rápido ou rebanhos de vacas carregadas de

---

10 William Ophuls, *Requiem for Modern Politics*, Boulder: Westview, 1997, pp. 158-9.
11 *Ibid.*, pp. 12-5 e pp. 158-60.

hormônios – que apresentam respostas rápidas e altas taxas de fluxo. São sistemas altamente produtivos, mas intrinsecamente instáveis e, portanto, incapazes de sobreviver sem constante intervenção. Em outras palavras, não podemos ter, ao mesmo tempo, alto rendimento e estabilidade homeostática; o primeiro impede o segundo.

Além disso, embora os sistemas naturais sejam resilientes quando sujeitos a agressões únicas, o estresse crônico provoca dano progressivo, pois a pressão constante, mesmo do estresse de baixa intensidade, inibe ou frustra as forças que promovem a recuperação homeostática. Da mesma forma que o corpo humano consegue tolerar o abuso ocasional sem danos sérios, mas sucumbe ao efeito acumulado dos maus hábitos, o gotejamento constante de substâncias químicas produzidas pelo homem no meio ambiente também faz os ecossistemas adoecerem e morrerem.

Em termos práticos, isso significa que nenhuma parte do sistema pode maximizar seus próprios ganhos, pois isso destruiria o equilíbrio do todo. Por sua natureza, os sistemas vivos sempre otimizam: procuram o meio-termo feliz que melhor acomoda os interesses do todo e das partes. Conclui-se que a tentativa da humanidade de maximizar sua riqueza e seu poder à custa do resto da criação é fundamentalmente antibiológica e autodestrutiva. A ecologia sugere – ou melhor, ordena – a otimização como a estratégia adequada para a sobrevivência e o bem-estar a longo prazo.

Isso equivale a dizer que a ecologia valida o áureo meio-termo. E da sabedoria do "nada em excesso" resulta uma ética de "moderação de todas as coisas" como o único caminho para preservar e respeitar a autonomia, a integridade e o valor do todo, do qual a humanidade é apenas uma parte.

Falar de limites e equilíbrio é reconhecer o fato da interdependência natural, que conduz à sabedoria ecológica mais profunda e à ética ecológica mais elevada. O processo vital é uma unidade em que tudo está ligado a tudo o mais. A vida é simplesmente um ecossistema muito grande – a biosfera – constituído de ecossistemas progressivamente menores, que se aninham uns no interior dos outros de modo hierárquico, formando uma cadeia dos seres, do superior ao inferior. Ao mesmo tempo, esses sistemas também se correlacionam de modo não hierárquico, formando uma teia múltipla e complexa da vida, em que a humanidade está organicamente integrada.

Nossa visão do processo vital é distorcida. Tendemos a enfocar nossa própria espécie e algumas poucas de animais maiores, enquanto a maior parte da biomassa terrestre consiste em criaturas minúsculas, a maioria das quais invisíveis a olho nu. Indagado a respeito do que uma existência dedicada a estudos biológicos lhe ensinou, J. B. S. Haldane teria respondido que a divindade tinha uma predileção incomum por besouros. No entanto, o grande número e a grande variedade de besouros e outros insetos empalidecem diante da multiplicidade de microrganismos, que são os verdadeiros criadores e sustentadores da vida no planeta. Sem eles na base da pirâmide, nenhuma das supostas formas superiores de vida existiria.

De fato, não existe algo como vida individual, pois os organismos não são capazes, sozinhos, de sustentar a vida. Para seu sustento, dependem completamente de todo o sistema; um sistema constituído de diversos organismos de diferentes espécies, interagindo com seu ambiente físico para produzir o fluxo de substâncias químicas e energia que os indivíduos requerem para sobreviver. Sem esse suporte de uma comunidade de organismos vivos e inertes, o organismo individual simplesmente não possui existência.

Aliás, todo suposto indivíduo é na verdade uma simbiose, uma coletividade de células. E as próprias células são simbioses: são compostas de organelas (partes específicas da célula, que se assemelham a órgãos e funcionam como tais), que são descendentes diretas de bactérias e algas previamente independentes, que uniram forças, éons atrás, para criar pequenas biosferas, que são elementos comuns de todas as formas superiores de vida. Em outras palavras, sem a cooperação organizada de bilhões de criaturas minúsculas, vivendo simbioticamente, os seres humanos não existiriam. Foram necessários éons de cooperação biológica para a criação de criaturas complexas como nós; é necessário um grande esforço simbiótico para nos sustentar, agora que estamos aqui.

Assim, embora a competição e a predação sejam fatos brutos da vida natural, a mutualidade e a cooperação predominam. De nossa posição elevada, temos uma visão condensada da natureza como cruel e impiedosa, mas essa não é sua essência. A estratégia geral da evolução é incorporar, e não exterminar. Na realidade, a evolução é coevolução, pois nada se desenvolveu em isolamento. Em vez disso, cada espécie foi seletivamente formada para preencher um determinado nicho na teia e para ser uma parceira apropriada de outras espécies, como exemplificado pelas abelhas e pelas flores. Mesmo a competição entre o predador e a presa envolve um tipo de cooperação, pois cada um serve para aperfeiçoar o outro (e, com isso, produzir maravilhas como o Serengueti).

Em consequência, tanto no interior de ecossistemas como no interior da biosfera como um todo, a evolução tende ao clímax – isto é, a uma exuberância de simbioses mutualísticas. O resultado é mais vida: riqueza, complexidade, ordem e beleza muito maiores do que poderiam ser alcançadas alguma vez se o processo fosse meramente competitivo. Se pudesse ser dito que a natureza possui um *éthos*, este seria o mutualismo; ou seja, a cooperação harmoniosa para o maior bem do todo, que, simultaneamente, atende as necessidades das partes.

O surpreendente é que essa profusão ordenada de vida se criou sozinha: auto-organizou-se. A hipótese Gaia, formulada por Lynn Margulis e James Lovelock, afirma que a biosfera é, de fato, um tipo de célula gigante criada por formas de vida que adaptaram a química e a geologia do planeta para seus propósitos. Assim, a Terra não é uma rocha morta, com uma película de vida minúscula sobre sua superfície, mas um planeta vivo, que incorpora até as rochas no processo vital. Embora não seja tecnicamente um organismo (porque não come nem excreta), é, não obstante, "o maior ser orgânico do sistema solar".[12] Em resumo, a Terra possui uma fisiologia e um metabolismo – ela "vive", "comendo" a energia solar e "excretando" calor residual –, sendo, nessas condições, um ser vivo.

Vamos esclarecer isso de modo um pouco mais detalhado: por meio de um longo processo de coevolução, os organismos interagiram, tanto consigo mesmos como com seu ambiente físico, para transformar o planeta. Alimentados pela energia solar, estimularam a emergência e, depois, o desenvolvimento adicional de um processo vital baseado em oxigênio, criando a membrana que contém a atmosfera e o meio que sustenta o solo. Como resultado, o ar, o mar e a terra agora abrigam e nutrem uma grande comunidade de seres, todos geneticamente relacionados e ligados em relacionamentos ecológicos obrigatórios.

Tendo criado essas condições improváveis – condições muito distantes das expectativas da química e também daquelas originalmente vigentes no planeta –, os seres vivos agora continuam a mantê-las por meio de complexos mecanismos de realimentação químicos, biológicos, físicos e até geofísicos. A Terra é mantida num estado de homeostase. Os parâmetros criticamente importantes para a vida – o equilíbrio gasoso, o nível de sal nos oceanos, a temperatura global etc. – são mantidos em níveis quase constantes por meio da atividade orgânica contínua. Sem esse trabalho incessante para preservar a estabilidade homeostática contra a força da entropia (a tendência universal para a desordem), desequilíbrios críticos logo ocorreriam, e quase todas as formas de vida morreriam. A derrubada de florestas tropicais inteiras ou o descarte de grandes quantidades de substâncias químicas nos oceanos e na atmosfera significam procurar problemas. Essas ações ameaçam a fisiologia do planeta; um tópico ao qual voltarei no próximo capítulo.

---

12 Lynn Margulis & Dorion Sagan, *What Is Life?*, Berkeley: University of California Press, 2000, p. 194.

Apesar de, inicialmente, a hipótese Gaia ter provocado considerável controvérsia, e de a palavra *vivo* ainda aborrecer muitos cientistas, os fatos são agora ciência relativamente estabelecida, embora purgados da mácula de teleologia que provocou a controvérsia original.[13] Não é necessário invocar noções de propósito ou projeto para explicar a existência de Gaia – não mais do que temos de acreditar que os seres humanos são o produto da intervenção divina, em vez de resultado da evolução natural. Gaia é uma "propriedade emergente" dos sistemas de auto-organização da Terra. Quando Lewis Thomas pergunta a si mesmo a que a Terra mais se assemelha, ele responde: "é *muito* semelhante a uma célula", sendo, portanto, um ser vivo – "observada da distância da Lua, a coisa surpreendente acerca da Terra, que tira o fôlego, é que ela é viva".[14] Da mesma forma, o ecologista Daniel Botkin, embora negue vida à Terra num momento, devolve no seguinte: "a Terra não é viva, mas a biosfera é um sistema a favor da vida e que contém vida, com qualidades orgânicas, mais como um alce do que como um... moinho".[15]

O que é ainda mais surpreendente e significativo é que a mente coevoluiu com a matéria – ou vice-versa? –, pois a cognição é inerente à auto-organização. Sistemas auto-organizados, como Gaia ou o corpo humano, podem não pensar, planejar ou decidir como seres humanos, mas ainda "sabem" como se manter equilibrados e saudáveis. Em outras palavras, embora a maioria desses sistemas não seja capaz de atividade intelectual, percebe, responde, escolhe, recorda, aprende, adapta e até inventa. Portanto, como afirmou o biólogo

---

13 Richard A. Kerr, "No Longer Willful, Gaia Becomes Respectable", *Science*, 22 abril, 1988, 240, n. 4851, pp. 393-5. Ver também Stephen H. Schneider & Penelope J. Boston (ed.), *Scientists on Gaia*, Cambridge: MIT Press, 1991.
14 Lewis Thomas, *The Lives of a Cell*, Nova York: Penguin, 1978, pp. 5, 145 (grifo no original).
15 Daniel B. Botkin, *Discordant Harmonies*, Nova York: Oxford University Press, 1990, p. 151.

Humberto Maturana, "os sistemas vivos são sistemas cognitivos, e viver, como processo, é um processo de cognição. Essa afirmação é válida para todos os organismos, com e sem sistema nervoso".[16] Parmênides disse isso de modo mais sucinto: "pensar e ser são a mesma coisa".[17] Assim, a consciência é intrínseca à vida. Comparativamente fraca nos organismos mais primitivos, fica gradualmente mais forte e mais inteligente quando os sistemas nervosos se tornam mais complexos, até se desenvolver em pensamento simbólico e autorreflexivo.

Os seres humanos tendem a supervalorizar o que é mais recente e a menosprezar o resto do *continuum*, mas achar que só nós somos verdadeiramente conscientes é combinar ignorância com arrogância. A mente racional jactanciosa se situa, por assim dizer, sobre os ombros das formas menores de consciência que existem dentro da pequena biosfera humana: mamífera, reptiliana, celular e até molecular e atômica. Além disso, a distinção entre humanos e animais supostamente inferiores não reside no fato de que possuímos capacidades únicas e habilidades superiores. Isso é verdadeiro em relação a toda e qualquer espécie, independentemente de quão simples seja. As formigas, por exemplo, trilham seu caminho através da vida com uma velocidade e uma exatidão que envergonharia todo um laboratório de químicos orgânicos. Essa distinção tampouco se limita ao fato de algumas espécies serem hipersensíveis. Por toda parte somos confrontados com modalidades completas de sentidos e comunicação bem além do que é normal para os humanos, como, por exemplo, o rico mundo sônico dos cetáceos. E os animais não são meros autômatos guiados pelos instintos: os abelhões são "agentes livres" para decidir onde coletar alimentos; assim, parecem ter uma "mente" para suprir

---

16 Humberto Maturana, "Neurophysiology of Cognition", em Paul L. Garvin (ed.), *Cognition*, Nova York: Spartan Books, 1969, pp. 7-8.
17 *Apud* Leonardo Taran, *Parmenides*, Princeton: Princeton University Press, 1965, XX-XXI.

o que falta.[18] Acima de tudo, os meros micróbios eram bastante inteligentes para criar ciclos e processos geoquímicos básicos, dos quais todas as supostas formas superiores de vida dependem.

Indo mais direto ao ponto: os animais superiores na árvore evolucionária são mais próximos de nós do que acreditávamos, tanto de modo genético como, até, comportamental. Quanto mais cuidadosa e compreensivamente estudamos os mamíferos e, mesmo, os pássaros, mais descobrimos que suas vidas perceptivas, cognitivas e emocionais são muito mais ricas e complexas do que costumávamos acreditar – e, também, que eles apresentam uma natureza moral.[19]

Esse acúmulo de conhecimento zoológico representa um desafio epistemológico ao conceito humano de realidade, e a qualquer pretensão de conhecimento superior desta com base na investigação científica. Se cada espécie percebe só uma parte do espectro total da realidade e, em seguida, interpreta essa parte segundo seu modo característico, qual seria a realidade real, em última análise? O mundo de cor e cálculo da abelha? Ou o mundo humano de som e geometria? De fato, cada espécie seleciona do espectro total dos dados sensoriais disponíveis a pouca informação necessária para elaborar a realidade específica essencial à sua sobrevivência.

Como cada espécie é inteligente a seu próprio modo, o tipo de mente denominado *noûs* pelos gregos – isto é, um princípio ou força de ordenação inteligente – é encontrado em todas as formas de vida, mesmo na mais primitiva, existindo tanto nos próprios organismos como, também, nos ecossistemas que os envolvem. Nessa perspectiva,

---

18 Bernd Heinrich, *Bumblebee Economics*, Cambridge: Harvard University Press, 2004.
19 Cf. as obras de Stephen Budiansky, *If a Lion Could Talk*, Nova York: Free Press, 1998; William H. Calvin, *The Cerebral Symphony*, Nova York: Bantam, 1989; Vicki Hearne, *Adam's Task*, Nova York: Knopf, 1986; Mary Midgley, *Beast and Man*, Cambridge: Cambridge University Press, 1989; Irene M. Pepperberg, *Alex and Me*, Nova York: Collins, 2008; e Frans B. M. de Waal, *Good Natured*, Cambridge: Harvard University Press, 1997.

não parece totalmente absurdo formular a hipótese de que a biosfera, um tipo de célula em escala maior, é, até certo ponto, viva e consciente. Assim, demos uma volta de 360 graus: como os povos antigos, podemos de novo chegar a considerar a Terra como uma criatura viva, dotada de alma e razão.[20]

A natureza não é uma máquina. Nem a humanidade se mantém afastada da natureza, merecedora do direito evolucionário de governá-la sobre a Terra. Em consequência, a política e o estilo de vida modernos, baseados na visão de mundo mecânica, estão se tornando obsoletos, tanto filosófica como praticamente.

Na política, por exemplo, um princípio fundamental da filosofia política liberal clássica é o de que a liberdade individual acaba onde começa o dano aos outros. Na prática, isso não nos inibiu de modo considerável, pois outro princípio liberal afirma que os indivíduos estão separados uns dos outros e da natureza. Portanto, somente o comportamento flagrantemente antissocial ou antiecológico se qualifica como dano. No entanto, se a interdependência generalizada nos torna parte inseparável do fluxo comum da vida, então a ficção liberal da separação desmorona. Não existem decisões verdadeiramente privadas. Tudo quanto eu faça em relação ao fluxo afeta todas as vidas, inclusive a minha. O comportamento até agora considerado legitimamente egoísta torna-se prejudicial de maneira evidente e, portanto, moralmente repreensível, mesmo nos padrões liberais.

De fato, a ecologia ensina uma antiga sabedoria: a da grande cadeia dos seres, embora numa forma nova e distinta. A natureza é mais teia do que cadeia, e a sabedoria baseia-se na ciência e não na teologia ou revelação. As metáforas orientais, como o Tao ou a Teia de Indra, podem, portanto, ser representações melhores da realidade ecológica. Aliás, a ética que seguem alegraria o coração de um santo: amar a criação e considerar todos os seres como irmãos e irmãs.

---

20 Platão, *Timaeus*, 30D, e Marco Aurélio, *Meditations*, VII, IX, ambos em diversas edições.

Assim, a inserção orgânica da humanidade muda tudo. De fato, o desafio político diante da raça humana é assegurar sua sobrevivência digna e seu desenvolvimento moral adicional, incluindo todas as vidas no processo de governança. É assegurar que os interesses de todas as criaturas e de todas as gerações sejam levados em conta pelo processo político. Uma vez que reconheçamos nossa ligação profunda com o todo da vida, a compaixão, a equidade, a liberdade, a justiça, a prudência e até a razão aparecerão sob uma luz radicalmente nova.

Como exemplo, consideremos nossa atual noção de justiça. Para nós, justiça envolve predominantemente o devido processo legal, isto é, o mecanismo jurídico que garante lisura entre aqueles vivos agora. No entanto, os interesses da justiça, num sentido maior de correção ou equidade moral, nem sempre são bem atendidos por uma definição tão estreita. Entre outras coisas, os interesses da posteridade não possuem prestígio legal e são, portanto, quase totalmente desconsiderados. Um conceito ecológico de justiça seria muito diferente, pois se estenderia no tempo e no espaço. Se levarmos em conta o desenvolvimento evolucionário do processo vital, somos obrigados a reconhecer com Burke que a geração atual recebeu o passado como um patrimônio que mantém em herança inalienável para as gerações futuras. Quem está vivendo agora ficou encarregado do capital ecológico de todas as eras. Falhar em apreciar sua beleza e em respeitar sua procedência é barbarismo. Desperdiçá-lo e consumi-lo sem consideração pela posteridade é vandalismo.

Mencionar Burke é ver que a ecologia, por se basear na evolução, possui basicamente implicações políticas conservadoras. Um longo processo de tentativa e erro eliminou as más inovações, deixando para trás o que não resistiu à prova do tempo. O resultado talvez não seja perfeito, mas é provavelmente o melhor que pode ser alcançado com os materiais à mão. A evolução ou a ecologia não devem ser utilizadas para justificar a riqueza e o privilégio, ou males herdados, mas implicam uma postura burkeana com respeito à mudança. Há um tipo de sabedoria contida no sistema – biológico ou social – que seria sensato estudar e entender antes de iniciarmos "reformas" baseadas em nossas ideias "voltadas para o futuro". Entre outras coisas, como o capítulo anterior ilustra, substituir o direito comum, que foi desenvolvido ao longo de muitos séculos por juristas desinteressados, pelo direito positivo, que é uma ficção criada por legisladores partidários, é insensato ao ponto da loucura.

Um problema adicional, ao se definir a justiça dessa maneira, é que ambas as definições refletem e reforçam o caráter fortemente individualista da sociedade moderna. Um sistema legal baseado no devido processo legal favorece indivíduos e corporações, separa partes do todo, com direitos que, com muita frequência, contestam o interesse comum; como, por exemplo, quando entes privados lucram à custa dos bens comuns, exaurindo ou poluindo o meio ambiente, ou quando os pais se recusam a vacinar seus filhos, apesar do ônus que isso impõe à saúde pública.

Da perspectiva ecológica, elevar o indivíduo acima da comunidade não faz sentido, intelectual ou praticamente. Os indivíduos devem ter direitos civis, mas deveres e responsabilidades cívicas devem ter peso igual, pelo menos se desejamos preservar a integridade do sistema a longo prazo.

De fato, o ecossistema clímax assemelha-se muito ao Estado ideal de Platão. Uma noção de justiça verdadeiramente ecológica seria revolucionária. Se a biosfera é uma vasta teia de espécies interconectadas, com cada uma ocupando um nicho específico dentro do todo maior, de modo que cada uma contribua para preservar a beleza, a complexidade e a riqueza do todo, então o mesmo não seria verdade, talvez, em relação à esfera humana? Quem sabe a sobrevivência e o bem-estar humanos fossem mais bem atendidos por uma noção mais platônica de justiça. Em outras palavras, um sistema de governo em que os indivíduos desempenham papéis sociais, em vez de engrandecer interesses privados. Voltaremos a isso e a outras questões polêmicas posteriormente, depois de vermos como a física e a psicologia também são perseguidas pela sombra de Sócrates.

Em conclusão, como os males peculiares à civilização moderna derivam em grande medida de seus princípios fundamentalmente antiecológicos, a ecologia é a cura necessária para eles. Sem meias palavras, a economia política moderna está em contradição completa com a ecologia. Mesmo iniciativas bem-intencionadas para "esverdear" essa economia somente acentuam a contradição, pois procedem da mesma mentalidade que a criou.[21] Provavelmente, os futuros historiadores julgarão nossa era como uma época de loucura coletiva: um tempo em que um grande número de pessoas muito inteligentes e influentes acreditava fervorosamente (não obstante os sentimentos contrários claramente expressos por Adam Smith) que a sociedade e o sistema de governo também deviam ser regidos pela mesma mão invisível que governa a economia de mercado. Quando nos dermos conta dessa loucura, a sabedoria e a ética da ecologia irão se tornar a base intelectual e moral de uma economia política reinventada, capaz de preservar a civilização a longo prazo. Entre outras coisas, a reconciliação entre o homem e a natureza, implícita numa forma ecológica de pensamento e vida, restaurará a coerência e o significado perdidos depois que o homem converteu a natureza em inimigo. Não mais órfãos, outra vez estaríamos em casa no universo. Por todos esses motivos, a ecologia terá de ser a ciência principal e a metáfora norteadora de qualquer civilização futura.

---

21 Para um exemplo pungente, ver Bernd Heinrich, "Clear-Cutting the Truth about Trees", *New York Times*, 20 dez., 2009: a maneira mais segura de matar uma floresta real é plantar árvores.

FÍSICA

> *Hoje há um considerável grau de acordo [...] de que o fluxo de conhecimento está se dirigindo a uma realidade não mecânica; o universo começa a se parecer mais com um grande pensamento do que com uma grande máquina. A mente não dá mais a impressão de ser uma intrusa no reino da matéria; estamos começando a suspeitar de que devemos saudá-la como a criadora e a comandante do reino da matéria.*
> Sir James Jeans[1]

Toda época possui uma ciência principal, que constitui o que pode ser chamado paradigma dos paradigmas: uma metáfora abrangente relativa ao padrão que todas as outras teorias, científicas e não científicas, seguirão. O caráter dessa ciência apresenta profundas consequências políticas, sociais e econômicas. A ciência principal da Antiguidade era a astronomia. Alçou os deuses do céu ao trono celestial, e elevou os faraós, representantes semidivinos dos deuses, ao ápice da pirâmide política. Também modelou a regularidade sazonal da qual as civilizações agrárias dependiam. Da mesma forma, quando a revolução científica, influenciada por Descartes e Newton, converteu a física da lei exata na nova ciência principal, também criou a era moderna como a conhecemos: uma era de mecanicismo, reducionismo,

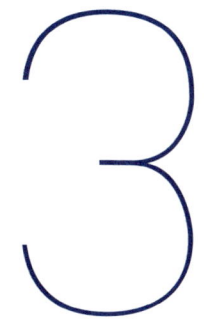

---

1   James Jeans, *The Mysterious Universe*, Cambridge: Cambridge University Press, 1931, p. 137.

determinismo, materialismo, individualismo e assim por diante, todos obedientes ao caráter essencial dessa ciência.

Para os seguidores de Descartes e Newton, o mundo era uma espécie de autômato. Nessa visão, estava implícita a ideia de que há uma realidade objetiva "lá fora", que é completamente acessível à observação e à razão. Deveria ser possível, em princípio, descobrir toda a verdade acerca da natureza, o que permitiria nos tornaremos seu mestre e proprietário.

No entanto, a física não é mais o que era na época de Newton. No século XX, avanços revolucionários transformaram nosso entendimento do universo e o processo pelo qual o conhecemos. Consideremos os epítetos utilizados para caracterizar a física moderna: relatividade, não localidade, incerteza, indeterminação etc. Ou reflitamos acerca dos paradoxos embaraçosos gerados por ela: a relatividade geral e a mecânica quântica são tanto verdadeiras experimentalmente quanto contraditórias teoricamente; a luz é tanto onda como partícula (mas não exatamente uma ou outra); e o gato de Schrödinger está, ao mesmo tempo, vivo e morto. Até a matemática é agora conhecida por ser "incompleta" (porque está obrigada a admitir algo por certo). Nem a geometria é invariável. A maneira de Euclides descrever o espaço é apenas uma entre muitas (e de forma alguma a mais importante). Em outras palavras, não habitamos mais um universo mecânico, fixo, certo, estável e, em última análise, reconhecível. Longe de ser um autômato, o cosmos se parece cada vez mais com uma obra de arte, da mesma forma que era para os antigos gregos.

Não que a natureza não siga leis ou que valha tudo. No entanto, quando não há mais uma realidade objetiva, que seja completamente acessível à observação e à razão, nossas pretensões prévias ao domínio onisciente e consequente da natureza são desafiadas. Além disso, porque estamos integrados nessa realidade não objetiva, a mente agora se intromete na matéria. Nas palavras muito citadas de James Jeans, o universo se parece "mais com um grande pensamento do que com uma grande máquina". Parece que a natureza é fundamentalmente platônica: o que experimentamos, tanto com nosso aparato perceptivo como com nossos instrumentos científicos, é apenas uma sombra lançada sobre a parede por um nível mais profundo da realidade, uma realidade que transcende o espaço e o tempo como geralmente entendidos.

Paradoxalmente, seguimos em frente como se nada disso tivesse acontecido. A política, o direito, a economia, a academia e a vida diária são dominados por ideias obsoletas – por exemplo, empirismo simplório ou conceitos fixos de espaço e tempo – que a ciência foi forçada a abandonar há quase um século. Mesmo os cientistas mais praticantes apegam-se a uma noção do empreendimento científico que é incompatível com o novo entendimento. Apesar de ter perdido sua base teórica original, uma visão de mundo mecânica antiquada ainda prevalece.

A confusão intelectual resultante tem sérias consequências não só no âmbito da teoria mas também na prática, pois o que é definido como real pelo pensamento humano é inevitavelmente tornado real pela ação humana. Um mundo natural concebido como morto e tratado como tal acaba se tornando morto de fato. Da mesma forma, quando a natureza é considerada como basicamente atômica, o resultado são doutrinas políticas e econômicas que reduzem homens e mulheres a átomos sociais.[2] E se a realidade material é tudo o que existe, então o espírito e o instinto são categorias sem sentido, destinadas à lata de lixo da história. Portanto, a totalidade da vida moderna é a expressão concreta de uma noção específica da realidade – de uma metáfora que é tanto morta quanto embotadora –, e todas as suas contradições e seus problemas remontam à falsidade dessa noção.

A nova visão da natureza é radicalmente diferente. A realidade física é um reflexo – uma atividade sobre nossos sentidos – e um processo cósmico amplo e coeso. Tudo, desde o menor *quark* até a

---

[2] William Ophuls, *Requiem for Modern Politics*, Boulder: Westview, 1997, pp. 29-56.

maior galáxia, quer seja o que chamamos de vivo ou inerte, é apenas um aspecto de um todo inseparável.

Somos capazes de distinguir conceitualmente entre os diversos aspectos – o cromossomo da célula, a abelha da flor, o sistema solar da galáxia –, mas na verdade eles não estão separados. São apenas projeções específicas no espaço e no tempo do processo subjacente, meros fenômenos ou, de modo bem literal, "aparências" que emergem do nada para a existência e, em seguida, dissolvem-se, de volta ao nada, obedecendo às leis da natureza que regem o microcosmo e também o macrocosmo.

Frequentemente, o processo cósmico é comparado à dança selvagem de criação e destruição. Enquanto o fluxo universal vibra em relação à harmonia das leis da natureza, padrões efêmeros surgem no espaço-tempo, florescem por curto tempo como objetos aparentes, e, em seguida, desaparecem no vazio de onde vieram. Mesmo durante sua existência evanescente, os objetos não são entes sólidos, mas sim uma mancha de partículas em turbilhão. Essa dança é invisível aos nossos sentidos, o que nos faz experimentar um mundo estável composto de objetos materiais sólidos. No entanto, agora que entendemos a música matemática pela qual a dança é executada, sabemos que nossa visão de senso comum é ilusória; há apenas a dança.

Assim, a realidade não é constituída de objetos, nem é composta de espaço, tempo, matéria, energia, luz ou algo mais. Não há "substância" básica do universo, e os fenômenos são inerentemente efêmeros, meras ondas imóveis no fluxo da existência. A realidade física é basicamente insubstancial. É composta de conjuntos de campos regidos por leis físicas, e tudo o mais é derivado, um simples artefato da dinâmica desses campos.[3]

---

3   Heinz Pagels, *The Cosmic Code*, Nova York: Bantam, 1983, pp. 239, 274; Werner Heisenberg, *Physics and Philosophy*, Nova York: Harper Perennial, 2007, p. 107; Steven Weinberg, *Dreams of a Final Theory*, Nova York: Vintage, 1994, pp. 171-2.

Mas se o que percebemos com nossos sentidos e instrumentos é efêmero, insubstancial e derivado, então não estamos realmente em contato com uma realidade objetiva. Einstein captou nosso drama epistemológico com uma metáfora encantadora: "a natureza nos mostra apenas a cauda do leão".[4] Incapazes de verem o leão diretamente, os físicos torcem essa cauda de um lado para o outro, induzindo rugidos experimentais que são analisados para produzir equações – isto é, uma descrição matemática da besta. Assim, conhecem o leão por inferência, e não por observação.

Nos últimos anos, nosso drama epistemológico piorou com a descoberta de que a matéria "comum", que, outrora, consideramos ser toda a matéria, corresponde apenas a 5% do universo, em massa. O resto é matéria e energia "escuras", invisíveis, a respeito das quais não sabemos quase nada, exceto que têm de estar ali (porque podemos observar seus efeitos gravitacionais). Se Einstein vivesse hoje, talvez tivesse de dizer: "a natureza nos mostra apenas a cauda do leão e esconde de nós completamente a vastidão em que ele habita". No entanto, se a realidade não é de fato encontrada, mas apenas inferida, então a imagem dos físicos em relação à mesma é subjetiva. A imagem não é arbitrária ou fantástica, mas reflete necessariamente o que está na mente dos físicos, ou seja, as teorias e os métodos que eles utilizam para investigar a natureza. Segundo Werner Heisenberg, "precisamos lembrar que o que observamos não é a natureza em si, mas a natureza exposta ao nosso método de inquirição".[5] Erwin Schrödinger explicitou a implicação profunda: "a mente erigiu o mundo objetivo do filósofo natural fora de sua própria substância".[6] Arthur Eddington deixou

---

4   *Apud* Abraham Pais, *Subtle Is the Lord*, Nova York: Oxford, 2005, p. 235.
5   Werner Heisenberg, *Physics and Philosophy*, Nova York: Harper Perennial, 2007, p. 58. Ver também David Lindley, *The End of Physics*, Nova York: Basic Books, 1993, pp. 74-5.
6   Erwin Schrödinger, *What Is Life?*, Cambridge: Cambridge University Press, p. 121.

a subjetividade explícita, afirmando que "a aparência sólida das coisas... é uma fantasia projetada pela mente no mundo externo".[7]

Heisenberg chegou à necessária conclusão filosófica: "definitivamente, a física moderna se decidiu por Platão". Por quê? Porque "as menores unidades de matéria não são [...] objetos físicos no sentido usual da palavra; são formas, estruturas ou – no sentido de Platão – ideias, que só podem ser expressas inequivocamente na linguagem da matemática".[8] Eddington concordou: "a investigação do mundo externo pelos métodos da ciência física conduz não a uma realidade concreta, mas a um mundo paralelo de símbolos, debaixo do qual esses métodos são inadaptados para penetrar".[9] Da mesma forma, Jeans afirmou: "aprisionados em nossa caverna, de costas para a luz, só conseguimos observar as sombras sobre a parede"; assim, todas as nossas descrições da natureza são meras "parábolas".[10]

Portanto, a física se junta à ecologia, enxergando *noûs* naquilo que outrora acreditávamos ser matéria morta. Ecoando Schrödinger, Eddington chamou a matéria de "coisa da mente".[11] De acordo com Freeman Dyson, "matéria não é uma substância inerte, mas um agente ativo, constantemente fazendo escolhas entre possibilidades alternativas... [A mente] é, até certo ponto, inerente em cada elétron".[12] Mesmo o falecido Richard Feynman, célebre por advertir contra o salto de resultados quânticos para conclusões filosóficas, falou quase misticamente de "átomos com consciência" e "matéria

---

7 A. S. Eddington, *The Nature of the Physical World*, Whitefish: Kessinger, 2005, p. 318.
8 *Apud* Ken Wilber, *Quantum Questions*, Boston: Shambhala, 2002, p. 52. Ver também Steven Weinberg, *Dreams of a Final Theory*, Nova York: Vintage, 1994, p. 195.
9 *Apud* Ken Wilber, *op. cit.*, p. 8.
10 James Jeans, *The Mysterious Universe*, Cambridge: Cambridge University Press, 1931, p. 111; James Jeans, *Physics and Philosophy*, Nova York: Macmillan, 1943, p. 16.
11 A. S. Eddington, *op. cit.*, p. 276.
12 Freeman J. Dyson, *Infinite in All Directions*, Nova York: Harper Perennial, 2002, p. 297. Ver também William H. Calvin, *The Cerebral Symphony*, Nova York: Bantam, 1989, p. 337.

com curiosidade".[13] Então, novamente demos uma volta de 360 graus, alcançando um antigo entendimento: "incrível! Tudo é inteligente!", exclamou Pitágoras.[14]

Tampouco a física está sozinha ao se decidir por Platão. Descobertas em diversos campos distintos – como, por exemplo, antropologia, linguística, psicologia cognitiva e psicologia profunda – tendem a uma conclusão similar. As implicações radicais da física de partículas não podem ser preteridas e consideradas irrelevantes para a vida "real".

Estudos da percepção humana, por exemplo, mostram que o cérebro e a mente humana não são instrumentos simples e óbvios para experimentar a realidade que o ingênuo supõe. Ao contrário, a percepção é, na realidade, cognição. De um vasto oceano de fenômenos, filtramos, ativa e seletivamente, como um molusco, as informações de que precisamos para a sobrevivência cotidiana.

Para começar com alguns fatos fisiológicos: nós não "vemos" ou "ouvimos" algo. Nossos órgãos de percepção são afetados por diversas pressões, vibrações e outras sensações. Estas são convertidas em impulsos eletroquímicos, que se deslocam ao longo dos nervos e alcançam o cérebro, fazendo os neurônios se excitarem. Os padrões da excitação, que não são caracterizados por representação, são, então, analisados matematicamente pelo cérebro por meio de programas geneticamente determinados e convertidos em "imagens" ou "sons". Em outras palavras, o sistema nervoso não *registra* apenas impactos e intensidades, mas realiza uma *análise* dos sinais recebidos e, em seguida, constrói uma *síntese* de acordo com princípios inerentes à mente. Essa síntese é o que de fato "percebemos".

Portanto, a percepção humana é o produto final de um processo complexo, que podemos comparar a um estúdio de Hollywood funcionando na velocidade da luz, para criar uma representação da realidade

---

13 Richard P. Feynman, *Classic Feynman*, Nova York: Norton, 2005, p. 485.
14 *Apud* Robert Bly, *News of the Universe*, São Francisco: Sierra Club Books, 1995, p. 38.

quase perfeita e totalmente convincente. De fato, é tão perfeita e convincente que não temos consciência de que tudo nela foi selecionado, editado e transformado pela nossa fisiologia, pelo método de operação do nosso cérebro e sua propensão devido à personalidade, linguagem e cultura.

Para falar só de linguagem, os seres humanos habitam uma realidade amplamente semântica, composta de categorias linguísticas de sua cultura. É um circuito fechado. Tendemos a perceber apenas aquilo para o que temos palavras. Assim, aquilo para o que temos palavras é o que, em geral, percebemos. Nossas suposições culturais fundamentais estão tão integradas na linguagem que estamos aprisionados efetivamente por elas. Como Ludwig Wittgenstein afirmou, a linguagem emoldura nossa realidade tão completamente que "os limites de minha linguagem significam os limites de meu mundo".[15]

Além disso, tendemos a ignorar o grau pelo qual os impulsos possessivos, agressivos e territoriais, que têm seu lugar no cérebro "inferior", influenciam os processos mentais de nível superior. Como um provérbio indiano diz: "quando um batedor de carteiras encontra um santo, tudo o que ele vê são os seus bolsos".

Portanto, o que "vemos" é uma função da história evolucionária do sistema nervoso e da longa e tênue cadeia de suposições e inferências sobre a qual se apoia a percepção humana. De fato, afirmou o neurocientista Francis Crick, tudo o que percebemos é, de certa maneira, "uma peça pregada em [nós] pelos [nossos] cérebros"; em outras palavras, um teatro de sombras, tal como Platão sustentou.[16] No entanto, a mente faz isso parecer como se estivéssemos em contato direto com a realidade, e acreditamos na trapaça. No entanto, a verdade é diferente: por trás das formas visíveis estão estruturas profundas invisíveis que as engendram.

---

15 Ludwig Wittgenstein, *Tractatus Logico-Philosophicus*, Nova York: Cosimo Classics, 2007, parágrafo 5.6 (grifo do autor removido).
16 Francis Crick, "Thinking about the Brain", *Scientific American*, 1979, 241, pp. 219-32.

Como observado anteriormente, a percepção humana não é o único produto das estruturas profundas invisíveis. Os campos despercebidos geram toda a realidade física, isto é, os sistemas naturais que constituem o nosso mundo. E esses sistemas possuem duas características que devemos entender se quisermos lidar com eles de modo inteligente. Ao contrário dos sistemas artificiais, mecânicos, construídos pelo homem, que são complicados, em vez de verdadeiramente complexos, os sistemas naturais são tanto auto-organizados (ou adaptativos) quanto verdadeiramente complexos (ou caóticos).

Um sistema auto-organizado determina sua estrutura e funcionamento, para alcançar estabilidade dinâmica e, a longo prazo, dentro de seu ambiente. Comparemos um motor a jato com um tigre. Embora ambos sejam organizados – e ambos sejam sistemas abertos que funcionam "queimando" matéria e energia externas –, apenas o tigre é auto-organizado. Isto é, um tigre é capaz de se sustentar sozinho, num ambiente desafiador, enquanto viver. Além disso, como ele é capaz de gerar outros tigres, há a percepção de que ele nunca morre realmente. Os tigres individuais podem morrer, mas a raça continua a existir (a menos que seja exterminada pelo homem). O motor a jato, em contraste, precisa ter seu combustível fornecido por um agente externo, sendo incapaz de se manter sozinho e, muito menos, de se reproduzir. Após alguns anos de vida útil, vira um monte de sucata, sem deixar descendência.

Portanto, os sistemas auto-organizados são relativamente autônomos, estáveis e duradouros, enquanto os sistemas artificiais são intrinsecamente dependentes, instáveis e temporários. Além disso, ao contrário das máquinas, cujas porcas e parafusos só podem ser rearranjados, os sistemas auto-organizados podem se adaptar às circunstâncias mutáveis e até evoluir, dando origem a algo mais complexo. De fato, a teoria da auto-organização lança Darwin sob uma luz inteiramente nova. A evolução não ocorre só pela seleção natural, mas, principalmente, como resultado da dinâmica da auto-organização. "A tentativa incessante da matéria de se organizar em estruturas ainda mais complexas", afirma Mitchell Waldrop, produz uma ordem emergente, que é, então, aprimorada pela seleção natural para produzir o rico arsenal de vida. Assim, uma "profunda criatividade interior [...] é tramada no próprio tecido da natureza".[17]

Os sistemas biológicos não são os únicos auto-organizados. Em 1977, o químico Ilya Prigogine recebeu o Prêmio Nobel pela descoberta da auto-organização em sistemas inorgânicos. Se as flutuações abalam a estabilidade de um sistema molecular, este pode simplesmente entrar em colapso, mas, em certos casos, responde ao desafio se reorganizando e se tornando mais complexo, robusto e estável. Um processo similar formou as estrelas e as galáxias.

Essa profunda criatividade interior levou a natureza sempre para frente, rumo a maior sofisticação, complexidade e funcionalidade – ou, em uma palavra, qualidade – em relação ao "projeto" evolucionário. De certo modo, a auto-organização equivale a uma versão científica do vitalismo. A vida transcende a mera matéria, afirma Waldrop, "não porque os sistemas são animados por alguma essência vital atuando fora das leis da física e química", mas porque a animação emerge sistematicamente como resultado da dinâmica dos sistemas inanimados.[18] De novo, o *noûs* é generalizado. Longe de estar morta, a matéria exibe um tipo de inteligência que a impele para a transcendência.

Infelizmente, há uma incompatibilidade entre sistemas naturais complexos, auto-organizados, e sistemas mecânicos complicados e criados pelo homem. O último requer entradas relativamente grandes de matéria e energia de primeira qualidade para seu funcionamento e, também, gera saídas muito maiores de materiais inúteis – até mesmo tóxicos – que os sistemas auto-organizados, que são tipicamente muito econômicos (um ponto a ser perseguido com maior profundidade abaixo).

---

17   M. Mitchell Waldrop, *Complexity*, Nova York: Simon & Schuster, 1992, p. 102.
18   *Ibid.*, p. 280.

O pior é que as demandas contínuas de sistemas artificiais pela humanidade chegam em grande número e com rapidez em relação aos sistemas naturais, que se desenvolveram para lidar com um tipo distinto de desafio, numa escala de tempo muito maior. O tigre não é rival do mesmo nível para um buldôzer que, em poucos dias, consegue derrubar a floresta milenar em que o animal vive. E, provavelmente, a atmosfera não é rival do mesmo nível para os motores que expeliram, em décadas, grandes quantidades de gases do efeito estufa – só passíveis de absorção ao longo de mais de 10 mil anos.

Essa incompatibilidade é um problema fundamental para o avanço da humanidade. Os sistemas auto-organizados são intrinsecamente estáveis e resilientes, mas só até certo ponto. O estresse crônico e de baixa qualidade os torna doentes, e, depois de estressados além de certo limite (às vezes chamado de ponto de virada), podem perder o equilíbrio e entrar num regime de realimentação positiva, em que um processo autodestrutivo se alimenta por si mesmo. Por exemplo, quando as temperaturas globais do aquecimento derretem o pergelissolo, liberam na atmosfera metano congelado há muito tempo. Então, esse potente gás do efeito estufa tende a acelerar o aquecimento, provocando mais derretimento e liberação de mais metano, e assim por diante, num círculo vicioso clássico. Desse modo, muitos limites naturais foram superados nos últimos anos, de forma que a realimentação positiva está levando muitos sistemas naturais à destruição. Em consequência, todo o sistema mundial está agora naquilo que os teóricos chamam de modo de excesso e colapso.[19]

Estamos começando a entender o papel vital da auto-organização na criação da realidade biofísica e a desenvolver as ferramentas

---

19 Donella Meadows, Jorgen Randers & Dennis Meadows, *Limits to Growth: The Thirty-Year Update*, White River Junction: Chelsea Green, 2004; William R. Catton, *Overshoot*, Champaign: Illini Books, 1982. Ver também Mathis Wackernagel & William Rees, *Our Ecological Footprint*, Gabriola Island: New Society, 1996, para uma maneira bastante útil de conceber e quantificar o excesso.

intelectuais necessárias para estudá-la adequadamente. No entanto, aquilo que já conhecemos sugere que devemos abordar os sistemas de auto-organização com respeito. Como criada por Gregory Bateson e Erich Jantsch, a teoria da auto-organização é uma síntese de física, evolução, ecologia, sistemas e cognição, que termina numa explicação de como a mente emerge da – ou, mais corretamente, coevoluiu com a – matéria. Jantsch conclui, afirmando:

> A história natural, incluindo a história do homem, pode agora ser entendida como a história da organização da matéria e da energia. No entanto, também pode ser vista como a história da organização da informação em complexidade ou conhecimento. Acima de tudo, porém, pode ser entendida como a evolução da consciência, ou, em outras palavras, da autonomia e da emancipação – e como a evolução da mente.[20]

De fato, os sistemas auto-organizados são mais parecidos com seres autônomos do que com máquinas dependentes, e merecem ser tratados de forma correspondente.

A nova ciência da complexidade – também conhecida como teoria do caos – penetra ainda mais profundamente sob a aparência das coisas para descobrir uma surpreendente regularidade nos fenômenos até agora considerados aleatórios e desconexos. Para onde quer que os estudiosos olhem – por exemplo, para a turbulência de células minúsculas, para a fumaça serpenteante ou para as galáxias espiraladas –, descobrem princípios de ordem ocultos no caos aparente. Além disso, como os exemplos anteriores sugerem, esses princípios atravessam todos os níveis da realidade. Segundo James Gleick, "as

---

20 Erich Jantsch, *The Self-Organizing Universe*, Elmsford: Pergamon, 1980, pp. 14, 162, 164, 307. Ver também Gregory Bateson, *Steps to an Ecology of Mind*, Nova York: Ballantine, 1972, pp. 451, 461, 483.

leis da complexidade vigoram universalmente, não se importando em absoluto com os detalhes dos átomos constituintes de um sistema".[21]

Portanto, o espírito de Einstein é finalmente pacificado: na realidade, Deus joga dados com o universo, mas os dados estão "viciados".[22] Como já vimos, a tendência evolucionária geral da matéria e da energia se dá na direção de uma maior complexidade, sofisticação e inteligência. Definitivamente, a natureza favorece determinados resultados, em detrimento de outros.

A teoria do caos ressuscitou parcialmente a ideia desacreditada do *télos*. Há fins definitivos, na direção dos quais os processos naturais são "atraídos", mas a contingência decide os resultados específicos. As áreas de turfa em todo o mundo convergem numa forma física similar, onde quer que se localizem ou seja lá como se desenvolveram.[23] No entanto, como Stephen Jay Gould assinalou, se fôssemos rodar o filme da evolução de novo, o efeito da contingência alteraria o resultado, talvez de modo bastante drástico, mesmo se os principais padrões continuassem os mesmos.[24]

A natureza fundamental da ordem descoberta pelos teóricos do caos não é mecânica. A natureza não é linear "em sua alma", afirma Gleick: "os sistemas lineares, solucionáveis, ordenados", ensinados aos estudantes de ciência como norma, são, de fato, "aberrações".[25]

A não linearidade é mais bem entendida por meio de exemplos. Num sistema mecânico, a linearidade prevalece, isto é, a ligação entre causa e efeito é clara e distinta. Quando o carvão é jogado numa caldeira para produzir o vapor que aciona as rodas que deslocam uma locomotiva pelos trilhos, cada elo na cadeia da causalidade pode ser traçado e calculado. Em contraste, quando o fertilizante é jogado

---

21 James Gleick, *Chaos*, Nova York: Viking, 1987, p. 304.
22 *Ibid.*, p. 314, citando Joseph Ford.
23 Roger Lewin, "All for One, One for All", *New Scientist*, 14 dez., 1996, pp. 28-33.
24 Stephen Jay Gould, *Wonderful Life*, Nova York: Norton, 1989.
25 James Gleick, *op. cit.*, p. 68.

sobre o campo, seu efeito sobre o futuro rendimento da colheita será provavelmente favorável. O resultado dependerá da quantidade aplicada do fertilizante, de sua composição química e de diversos outros fatores – condições meteorológicas, solo, água, técnicas de cultivo etc. Todos esses fatores aumentarão ou neutralizarão o efeito do fertilizante. Como cada elemento do sistema está relacionado com todos os outros por múltiplos circuitos de realimentação, tudo é, simultaneamente, causa e efeito, impossibilitando traçar ou calcular todas as ligações. É como se sistemas adaptativos complexos tivessem uma mente própria: seu comportamento é autônomo e não inteiramente previsível.

Esses sistemas representam desafios formidáveis para o entendimento humano – e ainda maiores para a intervenção humana – porque não são solucionáveis. Podem seguir inteiramente as leis, mas a contingência e a complexidade conspiram para frustrar o determinismo. Mesmo se todos os componentes importantes, as inter-relações críticas e as leis diretivas forem conhecidos com certeza razoável – uma suposição importante –, pode não ser possível prever o comportamento de sistemas não lineares até relativamente simples. Pior ainda se o sistema não for nada simples, como, por exemplo, o regime de clima global, que é uma ecologia de diversos sistemas não lineares interagentes.

Porém, imprevisível não significa incognoscível. Embora não possam ser solucionados, os sistemas complexos podem ser simulados para revelar seu *modus operandi*. Infelizmente, embora as leis que criam a complexidade possam ser simples e poucas, a existência de inúmeros circuitos de causação mútua, ou realimentação, torna a simulação bastante dependente do julgamento acerca do que incluir, ou supor, no modelo. Portanto, as modelagens computacionais são obras de arte científicas, e não demonstrações matemáticas ou estatísticas.

Há uma razão importante pela qual a questão da mudança climática é controversa, e provavelmente continuará assim, mesmo dentro da comunidade científica. Não há maneira de provar que os modelos se basearam em suposições corretas e captaram toda a dinâmica pertinente, demonstrando de maneira conclusiva que o aquecimento global se deve à atividade humana e não aos ciclos naturais. Um modelo que imita o comportamento de um sistema não é verificado por meio disso; pode ser coincidente. Ainda que o "consenso científico" seja que o aquecimento antropogênico é o fator crítico que impulsiona a mudança climática, meros modelos nunca conseguem instigar a crença, sobretudo entre aqueles que possuem um interesse pessoal no *status quo* econômico.

Portanto, o objetivo dos cientistas que estudam a complexidade é mais modesto: melhorar seu entendimento da dinâmica, dos padrões e das tendências dos sistemas adaptativos complexos, e não fazer previsões (como os físicos de partículas conseguem fazer, apesar da aparente estranheza da realidade quântica).

Entre outras coisas, nesses sistemas as pequenas entradas podem provocar saídas que sejam desproporcionais em relação à entrada, desencadeando uma cascata de realimentação positiva. Ou, dispondo de bastante tempo, os pequenos *inputs* (entradas) podem lentamente se amplificar, causando grandes efeitos. Consideremos a concatenação de consequências desencadeadas pelo automóvel. Começando com uma simples alternativa de transporte ao cavalo, transformou radicalmente a sociedade: nossos ambientes construídos, nossas estruturas familiares, até mesmo nossas políticas externas. De modo oposto, os grandes *inputs* podem ser decisivamente sufocados por forte realimentação negativa.

Em outras palavras, os sistemas adaptativos complexos são, ao mesmo tempo, ultraestáveis e ultrassensíveis. O desafio é saber com qual sistema estamos lidando. O clichê jornalístico – de que borboletas batendo as asas na Austrália podem provocar chuvas torrenciais nos Andes e seca em outro lugar – é um exagero que, não obstante, capta a imprevisibilidade intrínseca da dinâmica não linear.

Se o mundo natural é consequência de inúmeras causas e condições que interagem de maneira não linear durante muito tempo, para produzir um estado de complexidade que, embora siga todas as leis, jamais pode ser completamente conhecido – não no presente, muito menos no futuro –, então o húbris moderno é desmentido. Nunca submeteremos um mundo tão complexo aos nossos propósitos simplistas.

De fato, no cerne da complexidade se situa algo como um antigo mistério. A ordem oculta revelada pela teoria do caos é impressionantemente platônica: "atraidores estranhos" invisíveis, habitando "espaços fásicos" virtuais, regem diversos fenômenos complexos. De fato, afirma Gleick, os teóricos do caos redescobriram a Ideia: "Por trás de formas específicas e visíveis de matéria deve haver formas fantasmagóricas que atuam como modelos invisíveis".[26] Deparando-nos com tal mistério, a coexistência respeitosa, e não o controle dominador, deverá ser a nossa máxima daqui por diante.

A teoria do caos amarra tudo o que discutimos. Em primeiro lugar, o processo cósmico é similar em todos os lugares: os princípios básicos da ordem são universais, e a auto-organização reina na natureza, do microcosmo ao macrocosmo. Em segundo lugar, o caráter fundamental desse processo é não linear; o mecânico é, na melhor das hipóteses, um caso especial, e, na pior, uma aberração. Em terceiro lugar, o que observamos como físico é, na realidade, a manifestação de algo mental: "modelos invisíveis", que criam ondas estacionárias no fluxo do espaço-tempo. Parece que, de fato, a física moderna, exatamente como Heisenberg afirmou, "definitivamente, decidiu-se por Platão".

A questão essencial é essa: a nova física é fundamentalmente ecológica. Tudo está ligado a tudo mais, e nada existe em isolamento, porque todos os fenômenos são parte de um todo maior e unificado, cuja textura é determinada não pelos objetos que contém, mas pelo complexo tecido de inter-relações que criam os conteúdos. Portanto, a sabedoria e a ética da ecologia emergem igualmente da física. De fato, se até mesmo a matéria inerte é inteligente até certo ponto, e os sistemas naturais são mais parecidos com seres do que com máquinas,

---

26 *Ibid.*, p. 202.

então o argumento a favor da humildade, da moderação e da ligação cresce e fica mais forte.

Essa conclusão é reforçada quando nos aprofundamos em certos pormenores a respeito dos limites físicos, do equilíbrio e da inter-relação. O lugar para começar é o crescimento exponencial.

O crescimento exponencial não é nada mais que acumulação, como quando os juros se acumulam numa conta de poupança. Como o novo crescimento é adicionado ao crescimento prévio, mesmo uma taxa modesta de adição dobrará o montante original num tempo relativamente curto. Por exemplo, uma quantidade crescendo a uma taxa fixa de 3,6% ao ano dobrará em vinte anos.

O traiçoeiro, em relação ao crescimento exponencial, é que ele fulmina. Inicialmente, os incrementos do crescimento são pequenos, depois grandes, depois muito grandes e, por fim, astronômicos. Além disso, a explosão terminal do crescimento chega com pouco alarme. Após sete duplicações, uma quantidade será 128 vezes maior; depois de catorze, 16.384 vezes maior; depois de 21, 2.097.527 maior; mas, então, depois de apenas sete outras duplicações, explode e alcança 268.483.456 vezes a quantidade original. Portanto, num gráfico, uma curva de crescimento exponencial tem a aparência de um bastão de hóquei. No início, a tendência ascendente é gradual, mas, com a continuidade do crescimento, a curva começa a se inclinar cada vez mais acentuadamente rumo à perpendicular, e termina subindo vertiginosamente para o infinito.[27]

A consequência prática é que, quando uma quantidade já é bastante grande devido à acumulação prévia, qualquer aumento adicional pode ser avassalador, *pois a próxima duplicação será aproximadamente igual a todo o crescimento prévio.* Esse é precisamente nosso apuro

---

27 Ver Donella Meadows, Jorgen Randers & Dennis Meadows, *Limits to Growth: The Thirty-Year Update*, White River Junction: Chelsea Green, 2004, pp. 17-49; e Donella Meadows, *Thinking in Systems*, White River Junction: Chelsea Green, 2008, pp. 58-72, para explicações mais detalhadas, com ilustrações.

com respeito ao gás carbônico na atmosfera. Tendo permitido que as emissões desse e de outros gases do efeito estufa crescessem muito ao longo dos séculos, desde que a humanidade começou a depender dos combustíveis fósseis, estamos agora prontos, em apenas algumas décadas, a liberar uma quantidade desses gases igual a tudo o que emitimos até agora, com consequências que são imprevisíveis, mas que podem ser terríveis. No entanto, foi apenas ontem, comparativamente falando, que a comunidade científica começou a entender que a humanidade tinha se tornado uma força geofísica capaz de perturbar o regime climático global.[28]

O mesmo processo traiçoeiro funciona no sentido inverso. Inclusive um recurso muito abundante poderá ser subitamente exaurido se a taxa de exploração continuar a crescer. Esse é nosso apuro em relação ao petróleo. Após um século e meio de desenvolvimento industrial, abastecido principalmente por petróleo, o apetite mundial por seus derivados é agora colossal, e a demanda global continua a aumentar, quando países como China e Índia experimentam um rápido surto de crescimento. No entanto, muitos geólogos acreditam que estamos nos aproximando rapidamente, se já não ultrapassamos, o marco da metade do caminho. Isto é, esgotamos cerca de metade da dotação original de reservas aproveitáveis de petróleo líquido da Terra.

Exatamente quanto resta de nossa dotação original de hidrocarbonetos é dado controverso, mas aqueles na melhor posição de sabê-lo não discordam das ordens de grandeza. Além disso, há quase unanimidade entre eles quanto ao fato de que os dias de óleo e gás convencionais estão contados. Assim, extrair os recursos restantes será muito mais difícil fisicamente e oneroso financeiramente e, também, muito mais custoso em termos de energia em si. Em todo caso, nesse momento uma duplicação do uso exigirá a extração, nas

---

28 Contudo, para advertências anteriores, ver William Ophuls, *Ecology and the Politics of Scarcity*, São Francisco: Freeman, 1977, pp. 107-11.

próximas décadas, de uma quantidade muito próxima a tudo o que consumimos até agora. Em outras palavras, praticamente toda a metade restante, o que é uma impossibilidade, devido ao grande número de restrições – geológicas, econômicas e técnicas – que limitarão a taxa de extração e empurrarão para cima o preço dessa operação. Bem antes, experimentaremos sérias consequências econômicas, sociais e ambientais. De novo, apesar das advertências de diversas cassandras ao longo dos anos, uma maior consciência de nosso apuro só agora está despontando.

O ponto dessa breve exposição a respeito do crescimento exponencial é tornar palpáveis os limites físicos de um planeta finito; algo que merece nossa atenção completa aqui e agora, e não em algum futuro eventual, que talvez nunca chegue. Assim que alguém se conscientiza de um limite próximo, já é muito tarde. O impulso do crescimento levou o navio para águas perigosas, com não muito tempo ou espaço deixado para manobrar.

O problema é que estamos desafiando os limites do planeta de forma generalizada. Estamos emitindo não apenas gás carbônico e outros gases do efeito estufa, mas também diversos outros produtos químicos, compostos e hormônios nocivos. E estamos exaurindo não só o petróleo, mas também metais, materiais, solo e água, isto é, os recursos mais essenciais. Além disso, tendo extraído o mais fácil e o melhor, temos agora de lutar para extrair o resto: por exemplo, o petróleo situado em águas profundas e sob quilômetros de sedimentos. A dificuldade e o custo da exploração estão fadados a crescer exponencialmente, enquanto nos esforçamos para extrair as reservas restantes e de qualidade inferior de combustíveis, metais e materiais. E vai chegar o momento em que a atividade não valerá mais a pena, pois os custos de extração vão igualar ou superar o valor do recurso.

O desafio do crescimento exponencial é exacerbado pelas leis da termodinâmica, que atuam como controles internos ou sistêmicos do crescimento econômico e progresso tecnológico contínuos. Matéria e energia não podem ser criadas, nem destruídas, mas somente transformadas de um estado ou condição para outro, e toda transformação tem um preço. Por exemplo, quando queimamos carvão para gerar eletricidade, obtemos o calor, que produz o vapor que aciona a turbina de geração de eletricidade, mas também originamos diversos gases (entre eles, o gás carbônico), assim como particulados, ácido sulfúrico, cinzas e outros subprodutos indesejáveis. Do ponto de vista do físico, as contas se equilibram – no sistema total, há exatamente tanta matéria e energia quanto antes –, mas o que resta é de qualidade inferior. Assim, matéria rica em energia é convertida em materiais relativamente inúteis e em energia térmica, parte da qual é utilizada para realizar trabalho valioso – mas a maior parte dela é desperdiçada. Mesmo a eletricidade que realiza o trabalho se degrada em calor residual. O rico potencial energético no pedaço original de carvão foi exaurido de maneira efetiva. Essa perda de utilidade é denominada entropia.

Em vez de desenvolver uma exposição técnica prolongada da segunda lei da termodinâmica, uma analogia simples pode ser utilizada para explicar a entropia.[29] A natureza possui um sistema tributário mais oneroso e exigente do que qualquer um que tenha existido desde o império romano tardio. Por exemplo, quando o carvão é queimado numa usina termoelétrica, apenas 30% a 40% da energia potencial é convertida em eletricidade. O resto é dispersado em estados ou formas que são relativamente inúteis ou, até mesmo, nocivos. Em outras palavras, a natureza tributa essa transação específica numa alíquota de 60% a 70% – uma proporção que é típica.

As tecnologias melhores podem reduzir a tributação, mas não muito, uma vez que todos os custos termodinâmicos são adicionados: as alíquotas de tributação da natureza são intrinsecamente altas. Em outras palavras, a natureza não é muito eficiente (pelos padrões

---

29 Ibid., pp. 35-7, 42, 59, 71, 73-4, 92n, 107-15; e William Ophuls, *Requiem for Modern Politics*, Boulder: Westview, 1997, pp. 7-11, junto com as referências citadas, para obter mais detalhes. Ver também Jeremy Rifkin, *Entropy*, Nova York: Bantam, 1981, para uma abordagem mais popular.

humanos). Para cada ganho que a humanidade obtém convertendo matéria e energia em algo que considera útil, é gerada uma perda termodinâmica correspondente, que é, em geral, cerca de duas vezes maior que o ganho. Portanto, estamos aprisionados num círculo vicioso. Quanto mais produzimos e consumimos, maior o aumento da entropia – isto é, mais exaustão, deterioração, degradação e desordem num sistema, mesmo se isso nos traz benefícios hedonísticos ou monetários a curto prazo.

Que tenhamos recentemente nos dado conta de inúmeros problemas ambientais, por causa das crescentes demandas humanas sobre a natureza – todas as quais representam faturas vencidas, provenientes do coletor de impostos termodinâmico –, é uma indicação de que, mais uma vez, navegamos em águas perigosas e estamos ameaçados de naufrágio.

O resultado é que estamos deixando um tempo de relativa abundância termodinâmica e ingressando numa nova era de escassez termodinâmica, que se assemelhará a épocas pré-industriais em aspectos importantes. A civilização industrial moderna, com todos os seus pertences, deve sua existência a recursos concentrados, que estão se tornando cada vez mais escassos e custosos. Esses recursos requerem montantes sempre crescentes de capital, energia e *expertise* para exploração – uma tendência que não pode continuar indefinidamente. Por exemplo, num futuro próximo, bem antes que os combustíveis fósseis estejam finalmente esgotados, os custos do capital de exploração serão exorbitantes, o rendimento energético líquido será mínimo e os custos ambientais serão insuportáveis. Quando isso acontecer, a civilização terá, mais uma vez, de recorrer a fontes energéticas difusas, que carecem da densidade energética necessária para sustentar uma economia baseada em recursos concentrados. Pois o que importa não é a quantidade de energia, mas sua qualidade, uma vez que isso determina quanto trabalho ela pode realizar. Essa mudança para recursos de qualidade inferior – principalmente energia solar – traz profundas implicações sociais e políticas. Uma civilização baseada em energia difusa não pode ter a mesma forma de uma baseada em energia concentrada.

Tudo isso suscita uma dúvida: se a natureza é tão ineficiente em termos de engenharia, e só tem a energia dispersa da luz solar como combustível, o que explica sua riqueza e sua diversidade surpreendentes? Como mostramos no capítulo anterior, a limitação é uma força criativa que pressiona a natureza a investir em qualidade, e não em quantidade. Nos ecossistemas, a tendência vai do estágio pioneiro, relativamente simples e dissipador, caracterizado pela competição, ao estágio clímax, mais complexo e cooperativo, distinguido pelo mutualismo.

Em outras palavras, a natureza internaliza os custos termodinâmicos usando repetidas vezes as mesmas matéria e energia, para extrair o máximo de vida e complexidade a partir de um mínimo de recursos. A vida, afirma James Lovelock, "é como um contador qualificado, que nunca se esquiva do pagamento dos tributos requeridos, mas que também nunca deixa de aproveitar uma brecha".[30] Essa exploração das brechas termodinâmicas cria a rica tapeçaria das inter-relações características dos ecossistemas clímax. A natureza é altamente eficiente do ponto de vista da termodinâmica. O fluxo constante de energia solar não é apenas consumido, mas usado para acumular um rico estoque de capital.

Cegado pelo húbris, o homem moderno faz exatamente o contrário. Como um herdeiro perdulário, consome o capital físico e biológico do planeta. No entanto, não podemos ter tudo na vida; não podemos torrar o capital e ainda desfrutar de rendas. As economias modernas costumam ignorar a distinção crítica entre estoques e fluxos em sistemas físicos. Mesmo quando é possível viver do fluxo de renda, invadimos o estoque de capital. Por exemplo, derrubamos florestas inteiras em troca de madeira, combustível e móveis, em vez de tirar

---

30 James Lovelock, *The Ages of Gaia*, Nova York: Norton, 1988, p. 23.

somente o que esses ecossistemas complexos podem render confortavelmente a longo prazo. Ou consumimos cardumes e cardumes de peixes até a população despencar. E reforçamos a produção agrícola, esgotando o solo, em vez de nutri-lo. Se as tendências atuais fossem continuar (o que não é possível), a raça humana, no devido tempo, se apropriaria tanto da produção primária líquida terrestre que nada seria deixado, exceto as plantações dos agricultores e as pestes que as infestam – uma impossibilidade.[31]

A incapacidade de diferenciar entre fluxo e estoque é especialmente grave no que diz respeito ao capital fóssil acumulado ao longo de éons de tempo geológico. O petróleo é o exemplo óbvio. Até muito recentemente, tratamos o ouro negro depositado no solo há eras como se fosse um recurso de fluxo infinito, quando, na verdade, é um estoque de capital limitado, precioso e não renovável, que está sendo rapidamente exaurido. Embora a consciência de nosso problema esteja crescendo, todo o nosso estilo de vida depende do consumo do "excremento do diabo". Temos dificuldade para imaginar um futuro em que o fluxo de petróleo tenha se tornado um mero filete, e assim não fazemos quase nada para nos preparar para essa possibilidade.

O caso da água, o recurso mais crítico de todos, é até mais alarmante. As civilizações complexas podem existir sem petróleo, mas nenhuma consegue sobreviver sem água. E, embora a água seja o epítome de um recurso de fluxo, a demanda humana já superou o fornecimento anual – tanto que, em quase todos os lugares do mundo, a água fóssil está sendo extraída para sustentar uma população explosiva, que procura viver como um glutão ecológico cada vez mais voraz. Isso não pode continuar.

Em resumo, a economia humana baseada no dinheiro está colidindo com a economia natural, enraizada na termodinâmica. Por toda

---

[31] Peter M. Vitousek *et al.*, "Human Appropriation of the Product of Photosynthesis", *Bioscience*, 1986, 36, pp. 368-73.

parte, a raça humana está vivendo além de seus meios, abalando ou até destruindo os sistemas naturais, que são a matriz da vida humana, e esgotando em gerações os estoques de capital acumulados em milênios ou até éons. Nossa busca pela riqueza econômica está nos impelindo rumo à bancarrota termodinâmica. De novo, a lição é a seguinte: procurar maximizar o ganho humano a curto prazo é autodestrutivo. Como a ecologia, a física ordena a otimização como a única estratégia viável para a sobrevivência e o bem-estar a longo prazo. Em outras palavras, ordena uma civilização clímax, que prospera a longo prazo, internalizando os custos termodinâmicos para manter um estoque de capital rico.

O suficiente já foi dito para mostrar que a física e a ecologia são fundamentalmente semelhantes no desafio que impõem às pretensões humanas. Como a biosfera, o mundo físico caracteriza-se por limites inevitáveis à ação e ao entendimento humanos. Ignorar esses limites perturba equilíbrios naturais preexistentes e, em última análise, ameaça o sustento e a sobrevivência da raça humana. A humanidade não se mantém à parte do sistema como um todo. Existimos por causa do sistema, e nossa existência contínua requer o entendimento da inter-relação mútua que liga o destino do homem ao resto da natureza, viva ou inerte, e o respeito a ela. A partir disso, resulta a mesma repreensão ao húbris humano e o mesmo conjunto de direitos naturais prescritos pela ecologia. De fato, o argumento a favor da humildade, da moderação e da ligação torna-se ainda mais poderoso.

Com respeito à humildade, por exemplo, o que se evidencia agora não é o poder da mente humana, mas sua fraqueza. Certa modéstia é obrigatória. O que não sabemos é muito maior do que aquilo que sabemos, o que achamos que sabemos pode estar errado, e o que sabemos é apenas uma parábola. Em outras palavras, devemos não nos comportar como se fôssemos os mestres oniscientes do universo.

No que se refere à moderação, a humanidade não pode mais tratar a Terra como se ela fosse um banquete, em que somos livres para nos empanturrar sem medir as consequências. Nessas circunstâncias, estamos tentando comer o fruto de uma árvore que não plantamos (e que nunca poderemos recriar) e, ao mesmo tempo, cortando-a para lenha. Portanto, a demanda humana deve ser moderada para um nível que possa ser suportado pelos fluxos disponíveis, o estoque de capital que produz esses fluxos deve ser preservado a todo custo, e os reservatórios restantes de capital fóssil devem ser conservados o máximo possível. Em outras palavras, não podemos continuar a nos comportar como se fôssemos senhores e proprietários onipotentes do universo.

Da mesma forma, no tocante à ligação, sabemos agora que a extensão e a profundidade de inter-relação no cosmos são tais que existimos numa espécie de correspondência secreta com toda a criação. Como Alfred North Whitehead expressou, "qualquer agitação local sacode todo o universo".[32] Dessa compreensão, resulta uma ética eloquentemente articulada por Einstein. Chamando a sensação de separação do homem do resto do universo de "um tipo de ilusão de ótica de sua consciência", ele extraiu uma conclusão moral inevitável:

> Essa ilusão é um tipo de prisão para nós, restringindo-nos aos nossos desejos pessoais e ao afeto por algumas pessoas mais próximas de nós. Nossa missão deve ser nos livrar dessa prisão, ampliando nosso círculo de compaixão, para abraçar todas as criaturas vivas e toda a natureza em sua beleza.[33]

---

[32] Alfred North Whitehead, *Modes of Thought*, Nova York: Free Press, 1968, p. 138.
[33] *New York Post*, 28 dez., 1972, *apud* Lawrence Leshan & Henry Margenau, *Einstein's Space and Van Gogh's Sky*, Nova York: Macmillan, 1982, p. 143.

PSICOLOGIA

> *A vida sempre me pareceu como uma planta que se nutre de seu rizoma. Sua vida verdadeira é invisível, escondida em seu rizoma. A parte que aparece acima do solo dura apenas um único verão. Em seguida, definha; uma aparição efêmera. Quando pensamos no crescimento e na decadência incessantes da vida e das civilizações, não conseguimos escapar à impressão de absoluta nulidade. No entanto, nunca perdi a sensação de algo que vive e perdura sob o fluxo eterno. Aquilo que vemos é a flor, que passa. O rizoma permanece.*
>
> Carl Gustav Jung[1]

No século XX, a revolução na física levada a cabo por Albert Einstein correspondeu a avanços igualmente profundos na psicologia. A redescoberta e o mapeamento das profundezas da consciência humana, iniciados por Sigmund Freud e continuados por seus seguidores, sobretudo por seu protegido Carl Gustav Jung, do qual depois se afastou, foram sustentados e ampliados pelas descobertas de diversos psicólogos, antropólogos, etologistas e neurocientistas. Embora a consciência em si permaneça um mistério, agora entendemos a natureza humana e as limitações da mente humana melhor do que em qualquer época anterior. Porém,

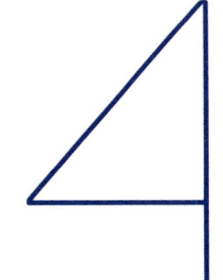

---

1 Carl G. Jung, *Memories, Dreams, Reflections*, Nova York: Vintage, 1989, p. 4.

como vimos a respeito da ecologia e da física, esse novo entendimento também não se revelou tão novo. Como Freud admitiu, ele retraçou os caminhos percorridos pelos antigos poetas.

O retrato da psique que emerge sugere cautela. Por mais que os seres humanos contemporâneos gostem de acreditar que transcendemos nossas origens evolucionárias, nossa natureza animal vive dentro de nós, em nossos genes e em nossas mentes. A arquitetura do cérebro humano, em que o córtex cerebral envolve um sistema límbico mamífero enrolado ao redor de um núcleo reptiliano, testifica isso. Por conseguinte, Jung afirmou:

> Todo ser humano civilizado, por mais elevado que seja seu desenvolvimento consciente, ainda é um homem arcaico, nos níveis mais profundos de sua psique. Da mesma forma que o corpo humano nos liga aos mamíferos e exibe diversos vestígios dos estágios evolucionários iniciais, remontando até a era reptiliana, a psique humana também é um produto da evolução, que, quando seguida até suas origens, exibe inúmeras características arcaicas.[2]

De fato, Jung conclui, um "homem de 2 milhões de anos" habita em todos nós. Mesmo a parte distintivamente humana de nossa natureza, associada com o córtex, é paleolítica de modo irredimível.[3] Em consequência, homens e mulheres são constantemente agitados por impulsos primitivos e emoções conflitantes, que eles só entendem

---

2 Carl G. Jung, *Psychological Reflections*, Princeton: Princeton University Press / Bollingen, 1973, p. 15.
3 Carl G. Jung, *C. G. Jung Speaking*, Princeton: Princeton University Press, 1977, pp. 88-90. Ver também Carl G. Jung, *Memories, Dreams, Reflections*, Nova York: Vintage, 1989, p. 348. Jung previu diversos desenvolvimentos modernos em neurologia: ver Daniel Goleman, *Emotional Intelligence*, Nova York: Bantam, 1995, pp. 5, 9-11; Robert Ornstein, *The Right Mind*, Nova York: Harcourt Brace, 1997, pp. 146-7; Anthony Stevens, *Archetypes*, Nova York: Quill, 1983, pp. 261-5; Anthony Stevens, *The Two-Million-Year-Old Self*, College Station: Texas A & M University Press, 1993, pp. 21-2, 41-2, 115.

parcialmente e se esforçam para controlar, e dos quais, em geral, nem sequer têm consciência. Nos seres humanos, uma porção considerável é saudável e boa, mas temos propensões para a doença e para o mal que não devem ser ignoradas.

A antropologia sustenta essa avaliação sombria da psique humana. Com poucas exceções, não há pessoa inofensiva, e a mente selvagem, independentemente de suas virtudes, é muitas vezes vítima de forças inconscientes e emoções brutas (sendo, portanto, autora do comportamento selvagem). Uma análise da literatura antropológica revela três tendências aparentemente universais da mente humana: estamos propensos à superstição e ao pensamento mágico; somos predispostos à paranoia; e projetamos nossa própria hostilidade sobre os outros.[4] Em essência, afirma Melvin Konner, o medo crônico permeia a psique e dirige o comportamento humano.[5] Embora a última palavra ainda tenha de ser dita, parece haver um consenso científico emergindo: os seres humanos são uma mistura volátil de animal, primitivo e civilizado; um emaranhado de emoções e impulsos que quase garante conflitos interiores e exteriores.

O fato de a natureza humana ser parcialmente animal não é de todo mau. O instinto é necessário para uma psique saudável e uma sociedade moral. No entanto, para os seres humanos viverem de forma pacífica em civilizações abarrotadas, os aspectos mais bestiais e selvagens da natureza do homem devem ser ativamente desencorajados pela sociedade. Konner disse isso de modo mais contundente. Por causa das propensões antissociais induzidas pelo medo, os seres humanos são intrinsecamente "maus" e, portanto, precisam de uma *Torá*, ou um código ético equivalente, para evitar a guerra de todos contra todos.[6] Na prática, isso significa que os costumes são

---

4 Robert B. Edgerton, *Sick Societies*, Nova York: Free Press, 1992, p. 72.
5 Melvin Konner, *The Tangled Wing*, Nova York: Holt, Rinehart and Winston, 1982, p. 426.
6 *Ibid.*, pp. 427-8.

essenciais, pois são o fator decisivo de equilíbrio entre o bem e o mal na natureza humana. O bem converte homens e mulheres falíveis e arrebatados em membros razoavelmente retos da sociedade, enquanto o mal os torna ameaças ferozes contra a sociedade.

Essa conclusão não resulta só da teoria; foi demonstrada de maneira empírica. O psicólogo social Stanley Milgram mostrou quão simples é criar pequenos Adolf Eichmanns que, obedientemente, infligem sofrimento severo a sujeitos desafortunados durante experimentos.[7] Numa experiência ainda mais assustadora, seu colega Philip Zimbardo conseguiu transformar estudantes comuns, aparentemente decentes, em monstros punidores. Em Stanford, no infame experimento de prisão, os estudantes voluntários foram, de maneira aleatória, designados a ser guardas ou prisioneiros. Em questão de dias, os primeiros se tornaram cruéis e sádicos; os outros, servis ou rebeldes, e o experimento precisou ser abortado para evitar dano físico aos prisioneiros.[8]

De fato, a psicologia redescobriu o que outrora foi denominado "as paixões": o rebuliço de impulsos e emoções conflitantes e potencialmente perigosos, que se escondem em todo coração humano e que ameaçam irromper sob a provocação mais leve, a menos que sejam mantidos cerceados pelo caráter pessoal ou pelo controle social. Recordemos as palavras de Burke: "a sociedade não pode existir a não ser que um poder controlador da vontade e do apetite seja posto em algum lugar". A escolha é entre "grilhões morais" autoimpostos ou "algemas" impostas externamente.

Em *Política*, Aristóteles identificou o desafio político essencial:

> O homem é o melhor dos animais quando aperfeiçoado, mas é o pior de todos quando separado da lei e da justiça [...] [pois] nasceu

---

7   Stanley Milgram, *Obedience to Authority*, Nova York: Harper-Collins, 1974.
8   Philip Zimbardo, *The Lucifer Effect*, Nova York: Random House, 2007.

possuindo armas para o uso da sabedoria e da virtude, que são passíveis de serem empregadas inteiramente para fins opostos. Portanto, quando desprovido de virtude, o homem é o mais ímpio e selvagem dos animais.[9]

Quando os indivíduos se reúnem em multidões, o desafio aumenta em ordem de grandeza, pois o medo, a cobiça e a raiva são contagiosos. Como Gustave Le Bon assinalou há muito tempo, as multidões ampliam todo defeito humano e manifestam muitos novos, surgidos delas mesmas. Jung disse: "as massas sempre tendem à psicologia de rebanho; portanto, são facilmente debandadas; e à psicologia das multidões, de onde vêm sua brutalidade insensata e seu emocionalismo histérico".[10] Nietzsche foi ainda mais mordaz: "a insanidade nos indivíduos é algo raro, mas em grupos, partidos, países e épocas é a regra".[11]

Portanto, a maior arma de destruição em massa do planeta é o ego humano coletivo. A história ensina que a capacidade humana para o mal é praticamente ilimitada. A menos que a sabedoria e a virtude sejam mobilizadas para neutralizar o potencial do ego para a destruição, esta será inevitável quando homens e mulheres se esquecerem de sua melhor natureza e se tornarem animais ímpios e selvagens.

Esse novo, mas também antigo, entendimento da natureza humana é suficiente, em si mesmo, para demolir o húbris moderno. O progresso social infinito é tão quimérico quanto o progresso material infinito. O "homem de 2 milhões de anos" é o que é, e não será aperfeiçoado, mas apenas amansado. De fato, nesse momento da história humana, a tarefa essencial é evitar o suicídio racial, e não perseguir a perfeição social.

---

9   Aristóteles, *Politics*, Cambridge: Harvard University Press, 1944, I, I.
10 Carl G. Jung, *The Practice of Psychotherapy*, Princeton: Princeton University Press, 1985, p. 6.
11 Friedrich Nietzsche, *Beyond Good and Evil*, Radford: Wilder, 2008, p. 56.

A essa advertência sobre a natureza humana, devemos adicionar os limites da cognição humana. Como foi mostrado, o aparato perceptivo humano é um impostor. Não estamos em contato com a realidade, mas com um tipo de teatro de sombras projetado sobre a tela da psique por profundas estruturas invisíveis. Também vimos que mesmo os intelectos mais refinados se esforçam para compreender os sistemas auto-organizados complexos, pois a natureza não facilita nosso conhecimento da realidade. Contudo, a falha não se situa na natureza. A mente humana não foi criada para desvendar os mistérios da mecânica quântica ou para compreender a intricada dinâmica do regime climático global. Em vez disso, foi remendada e, em seguida, aprimorada à perfeição, pela evolução, para um propósito específico: nossa sobrevivência como caçadores-coletores na savana africana. Somos o "homem de 2 milhões de anos" de Jung, não só emocionalmente, mas também cognitivamente.

Somos fisicamente conectados para compreender certos aspectos e não outros. Acima de tudo, a cognição humana é "projetada" para a percepção concreta; assim, os povos primitivos são mestres naquilo que o antropólogo Claude Lévi-Strauss denominou "as ciências do concreto".[12]

De forma alguma, isso é um modo inferior de pensamento. O selvagem não é, como tendemos a pensar, um mero prisioneiro de fantasias estranhas e crenças excêntricas. Na realidade, ele é mais um empirista do que um físico, pois percebe seu mundo direta e imediatamente, enquanto o segundo filtra a natureza por meio de um aparato intelectual elaborado, composto de lentes matemáticas, teóricas e tecnológicas. Assim, a abstração, associada à capacidade de ler e escrever, à civilização e, acima de tudo, à investigação científica, não é natural, mas adquirida – e apenas com grande dificuldade, após anos de instrução.

---

12 Claude Lévi-Strauss, *The Savage Mind*, Chicago: Chicago University Press, 1966.

Mesmo a instrução não consegue erradicar inteiramente a propensão inata para a concretude da mente humana. Por exemplo, cometemos todos os dias o pecado epistemológico da reificação, considerando abstrações ou ideias – como, por exemplo, energia ou mercado – como se fossem, de algum modo, tão reais como rochas ou árvores, em vez de constructos que nos ajudam a entender fenômenos complexos. Da mesma forma, nossas opiniões apresentam tendência a se tornarem absolutas, resistindo a toda evidência contrária.[13] Mas talvez o exemplo mais grave do que Whitehead chamou de "a falácia da concretude inapropriada" seja que muitos seres humanos lúcidos acreditem na verdade absoluta e literal dos relatos mitológicos contidos em diversas escrituras, recusando-se a aceitar as provas arqueológicas e históricas que os contradizem, ou até a considerar a possibilidade de que esses relatos possam ser dedos apontando para o inefável, em vez de expressões de verdade concreta.[14]

Infelizmente, diversos seres humanos, se não a maioria, são incapazes de se elevar muito acima do estágio operatório concreto de Piaget referente à cognição.[15] Portanto, não podemos dizer que

---

13 Paul Watzlawick, *How Real Is Real?*, Nova York: Vintage, 1977, pp. 50-4.
14 Alfred North Whitehead, *Science and the Modern World*, Nova York: Free Press, 1997, pp. 51-8.
15 Como conflita com o *éthos* democrático, essa afirmação pode provocar resistência ou até espanto. No entanto, estudos mostraram que apenas de 30% a 35% dos graduados do Ensino Médio atingem o estágio operatório formal de Piaget, caracterizado pelo uso lógico de símbolos no pensamento abstrato – isto é, pelo pensamento científico em seu sentido mais básico. Ver D. Kuhn *et al.*, "The Development of Formal Operations in Logical and Moral Judgment", *Genetic Psychology Monographs*, 1977, 95, pp. 97-188; Alan Cramer, *Uncommon Sense*, Nova York: Oxford, 1993, pp. 26, 34. Isso não é simplesmente produto de nosso sistema educacional ineficaz. Como assinala Charles Murray, *Real Education*, Nova York: Three Rivers Books, 2009, metade da população está, por definição, abaixo da média em toda dimensão mensurável de inteligência amplamente definida. Portanto, as políticas educacionais baseadas numa visão idealista do potencial humano estão condenadas ao fracasso. Somente os mais inteligentes podem aspirar, de modo realista, a uma carreira acadêmica, que conduz ao domínio de operações formais.

eles compreendem bem a realidade social e física da vida em civilizações complexas – uma vida muito distante da existência comparativamente simples e concreta do homem caçador-coletor, que se concentrava na sobrevivência cotidiana entre um círculo íntimo de parentes e amigos.

Como corolário, a mente humana não educada enfoca o presente e o dramático. Na savana, o imperativo da sobrevivência nos tornou sensíveis aos perigos imediatos ou extraordinários, mas, em comparação, desatentos para as tendências, os riscos e as consequências a longo prazo, sobretudo aqueles que são discretos. Nossa atenção não se prende à destruição progressiva do hábitat, à extinção imperceptível das espécies, à acumulação contínua de poluentes, à perda gradual do solo arável, ao esgotamento constante dos aquíferos e a problemas semelhantes. Em vez disso, tendemos a nos fixar em sintomas dramáticos (como, por exemplo, um grande e ocasional vazamento de combustível), ignorando a ameaça muito maior, a longo prazo, imposta pelos acontecimentos cotidianos (como, por exemplo, o gotejamento diário de petroquímicos, provenientes de diversas fontes, que é muito mais danoso a longo prazo). Infelizmente, gotejamentos não são tema de melodrama e, por isso, tendem a não ser registrados com veemência, mesmo quando são trazidos a nossa atenção pela mídia. Assim, é necessária uma crise para forçar uma conscientização plena a respeito de perigos furtivos.

Lamentavelmente, afirma o biólogo Richard Dawkins, o cérebro humano não foi feito para entender processos lentos e acumulativos, como a mudança evolucionária ou ecológica, que demandam uma sensibilidade aguda para consequências, a longo prazo, de pequenas mudanças.[16] Como a observação e o planejamento a longo prazo não foram

---

No fim, afirma Murray, o *éthos* democrático seria mais bem atendido pelo realismo, em vez de pelo romantismo, o que permitiria que os indivíduos pudessem receber o tipo de educação mais apropriado aos seus talentos.

16 Richard Dawkins, *The Blind Watchmaker*, Nova York: Norton, 1986, p. xi.

decisivos para nossa sobrevivência inicial, esses atributos mentais não foram reforçados pela seleção evolucionária. A ecologia e suas implicações são, portanto, entendidas de modo insatisfatório, mesmo pelo público instruído. Em um amplo sentido, a incapacidade da mente humana de escapar das influências do presente leva à habitual busca imediatista de vantagens correntes, em detrimento do bem-estar futuro.

Além disso, o imperativo da sobrevivência nos dotou de diversos atalhos cognitivos: algoritmos mentais inconscientes, que talvez tenham sido essenciais na savana, mas que devem ser postos de lado de maneira consciente se os seres humanos querem viver com sanidade na civilização. Por exemplo, a mente humana tende a ser rápida para decidir. Como qualquer animal, somos condicionados emocionalmente a lutar ou fugir, o que quer dizer que nossas mentes selvagens também são condicionadas de maneira cognitiva a tirar conclusões precipitadas. Quando os primeiros seres humanos localizavam uma forma acastanhada à espreita no meio do capim alto, as mentes que decidiram "leão" mais rápido tiveram melhor chance de transmitir seus genes para a posteridade.

A mente humana também é dualista. Assim, é forçada, se não obrigada, a escolher um polo ou o outro – lutar ou fugir, preto ou branco, certo ou errado – e não o meio-termo. Isso foi demonstrado experimentalmente em nível perceptivo: quando os seres humanos observam uma ilusão de ótica clássica, enxergam uma mulher ou um vaso, e nunca os dois ao mesmo tempo. Em outras palavras, a mente humana dicotomiza naturalmente, criando as oposições comuns de "bom" e "mau", "nós" *versus* "eles", os "dois lados" de qualquer questão, "esquerda" contra "direita" em política e assim por diante. Infelizmente, como F. Scott Fitzgerald observou, é necessária uma inteligência de primeira qualidade para conter duas ideias antagônicas na mente ao mesmo tempo e ainda continuar a funcionar. Assim, mentes não educadas fixam-se de imediato em um dos polos e se opõem ao outro. Isso explica o conflito perene entre crentes e infiéis, que ocasionou incontáveis tormentos históricos.

O resultado é que os seres humanos possuem diversos pontos fracos e limitações mentais incorporadas. Assim como a capacidade de realizar análises prolongadas não é natural para a mente humana e exige talento e aprendizado, as virtudes da nuance, da sabedoria, da prudência e da premeditação também não são inatas, devendo ser desenvolvidas cuidadosamente por meio da educação.

Então, qual é o ponto forte da mente humana? A metáfora. A maneira básica pela qual a mente humana revela o sentido das coisas é por meio da analogia. Instantaneamente, o cérebro compara os estímulos que chegam com sua biblioteca de imagens armazenadas (ou sons, cheiros etc.), e "enxerga" que isso é "como aquilo", seja um "leão" ou o que for. Em outras palavras, não sabemos (e não é possível saber) o que a realidade é. Só conseguimos saber com o que ela se *parece* – isto é, de modo metafórico. E isso é assim quer a metáfora seja um tropo metafórico ou uma fórmula matemática.[17] O aforismo de Goethe resume de maneira perfeita esse entendimento: "todos os fenômenos são meramente metafóricos".[18]

Conclui-se que mesmo o empreendimento científico depende por completo da analogia. Como o físico Brian Arthur afirma, "os não cientistas tendem a achar que a ciência funciona por dedução. Contudo, na realidade, a ciência funciona sobretudo por metáfora".[19] De fato, isso acontece, pois, segundo o físico Robert Shaw, "você só enxerga algo se tiver a metáfora certa para perceber esse algo".[20]

---

17   R. L. Gregory, *Eye and Brain*, Nova York: McGraw-Hill, 1973, *passim*; Robin Fox, *The Search for Society*, New Brunswick: Rutgers University Press, 1989, pp. 184-6; Julian Jaynes, *The Origin of Consciousness in the Breakdown of the Bicameral Mind*, Boston: Houghton Mifflin, 1982, pp. 52-66.
18   *Apud* Ralph Metzner, *The Unfolding Self*, Novato: Origin Press, 1998, p. 10.
19   *Apud* M. Mitchell Waldrop, *Complexity*, Nova York: Simon & Schuster, 1992, p. 227.
20   *Apud* James Gleick, *Chaos*, Nova York: Viking, 1987, p. 262. Ver também, acerca de paradigmas como base essencial da pesquisa científica, Thomas S. Kuhn, *The Structure of Scientific Revolutions*, Chicago: Phoenix, 1970.

As metáforas científicas são modelos ou teorias "autoconscientemente" formais. No entanto, essas palavras revelam seu caráter metafórico. A palavra *modelo* significa "semelhança" por definição, enquanto *teoria* (que provém da mesma raiz da palavra *teatro*) é um tipo de exibição, em que os dados são entrelaçados para narrar uma história plausível acerca da realidade. De fato, como vimos, as fórmulas matemáticas que os físicos utilizam para analisar a natureza não são a realidade em si, mas "parábolas"; em outras palavras, histórias, embora bastante precisas, que permitem predicação exata. Portanto, a tarefa da ciência é achar as metáforas que melhor representam a realidade.

Dessa maneira, o entendimento humano é um processo de nos desenvolvermos por meio de nossos próprios esforços metafóricos: utilizamos o que já conhecemos para alcançar o que não conhecemos, por meio da analogia. Assim, toda a cultura humana é uma concatenação de metáforas, até chegarmos àquelas grandes metáforas, como, por exemplo, o universo mecânico de Newton, que molda eras inteiras. Na prática, porém, sendo o desenvolvimento por conta própria quase impossível, não construímos a cadeia de baixo para cima, mas de cima para baixo. A imagem no cerne da grande metáfora governa a escolha da metáfora e, dessa maneira, o processo de entendimento em níveis inferiores. Contrariamente às doutrinas do empirismo, portanto, além dos níveis mais básicos da percepção (pré-consciente), nossos sentidos não nos dizem o que a realidade é, mas os instruímos sobre como ver o mundo. Como Einstein notou, "é a teoria que decide o que podemos observar".[21]

Em resumo, as metáforas são as lentes obrigatórias por meio das quais homens e mulheres percebem e organizam a realidade, cognitiva e intelectualmente. Como o psicólogo Julian Jaynes explica, somos,

---

21 *Apud* Gerald J. Holton, *The Advancement of Science, and Its Burdens*, Nova York: Cambridge University Press, 1986, p. 149.

por definição, poetas rudes, mas eficazes: construímos um mundo coerente como resultado de imagens metafóricas, mas fazemos isso arbitrária e inconscientemente, em vez de autoconscientemente, como os escritores e os artistas plásticos.[22] Como Aristóteles afirmou em *Poética*: "sem dúvida, a maior coisa é ter o comando da metáfora, [pois] isso é a marca do gênio".[23]

Como consequência dessa dependência total da metáfora, os seres humanos estão adaptados para entender a vida não como uma fórmula, mas como uma história: "o universo é feito de histórias, e não de átomos", disse o poeta Muriel Rukeyser.[24] Na prática, a mente humana é instigada a construir narrativas coerentes a partir até dos dados mais fragmentários. E não são só crianças que pedem histórias: uma imensa indústria de entretenimento prospera, fornecendo-as para as massas. Mesmo em nível intelectual mais refinado, é notável que aquilo que sentimos intensamente e lembramos não é a exposição seca, independentemente de quão convincente seja, mas sim a imagem surpreendente: na filosofia, a caverna de Platão; na literatura, o Grande Inquisidor de Dostoiévski; na física, o gato de Schrödinger; na política, o estado da natureza de Hobbes ("solitária, pobre, desagradável, brutal e breve"), e assim por diante.

Como esses exemplos sugerem, o processo cognitivo nunca ocorre num vácuo racionalista. Poetas compulsórios, nós temos que acrescentar sentimentos ao entendimento. Simplesmente, o córtex cerebral não tem como pensar isolado das camadas subcorticais mais antigas do cérebro, que estão emocionalmente harmonizadas com o significado simbólico. Assim, a mente e o coração humanos pedem o mito e a religião: uma exposição seca e abstrata da teoria

---

22 Julian Jaynes, *The Origin of Consciousness in the Breakdown of the Bicameral Mind*, Boston: Houghton Miffin, 1982, pp. 58, 62.
23 Aristóteles, *Poetics*, Mineola: Dover, 1997, p. 47.
24 Do poema de Muriel Rukeyser que dá título a seu livro *The Speed of Darkness*, Nova York: Random House, 1968.

evolucionária pode parecer sem substância, em comparação com a história do *Gênesis*.

Mesmo se alguém desdenha da *realidade* metafísica do mito, dificilmente pode negar sua *função* psicológica. A ciência não aboliu a necessidade dos seres humanos de compreenderem seu mundo – não só intelectual, mas também pessoal e moralmente –, nem aboliu seu desejo por respostas satisfatórias para o concomitante sofrimento referente às vicissitudes e à finitude da vida. Como Wittgenstein – o filósofo que empurrou as doutrinas hiper-racionais do positivismo lógico para seu amargo fim – afirmou, "sentimos que, mesmo se todas as questões científicas *possíveis* fossem respondidas, os problemas da vida ainda não teriam sido tocados, de modo algum".[25] Além da explicação racional, há um vasto mundo de silêncio – "a respeito do que alguém não pode falar, deve se calar", disse Wittgenstein – que contém tudo o que é mais importante para os seres humanos.[26] Em resumo, sem uma história emocionalmente gratificante, o homem e a mulher comuns não têm resposta para o enigma da vida e da morte, ficando, portanto, sujeitos a afundar num estado de vertigem espiritual.

Isso explica por que a ideologia possui um domínio tão tenaz sobre a mente moderna. Carecendo de um mito coerente pelo qual viver, os seres humanos buscaram desesperadamente um substituto. Infelizmente, como é natural que a mente se fixe sobre a resposta, sobre o único caminho correto, os seres humanos tenderão a acreditar na história que pretende explicar tudo o que está errado no mundo, e que propicia uma solução simples, seja a destruição da burguesia, a abolição da repressão sexual, a conversão forçada dos infiéis, a guerra para acabar com todas as guerras etc. Pondo nos termos tornados célebres por Isaiah Berlin, a multidão é um ouriço relativamente simplório, que

---

25 Ludwig Wittgenstein, *Tractatus Logico-Philosophicus*, Mineola: Dover, 1998, parágrafo 6.52.
26 *Ibid.*, parágrafo 7.

tem sede de conhecer a coisa importante; já a minoria é uma raposa sofisticada e matizada, que conhece muitas coisas e que entende que a vida não é simples.

Assim, os racionalistas que jogaram o mito na lata de lixo da história foram atacados pela mente humana, que anseia tanto por uma narrativa que prefere engolir maldades e absurdos a ficar sem uma história. A recusa de lidar de modo construtivo com o "irracional" leva unicamente a uma maior irracionalidade. A restrição da razão a um âmbito limitado não impede a superstição, mas deixa a maior parte da vida e experiência humanas fora do reino da correção pela razão. Portanto, Freud e Jung fornecem a dinâmica subjacente para o comportamento de multidão de Le Bon. As forças irracionais inúteis no interior do indivíduo inclinam-se a um escape cultural construtivo, e tenderão a passar a um comportamento violento, levando a manias de massa, ilusões coletivas e a frenesis religiosos.

De forma alguma isso esgota as deficiências da cognição humana descobertas pelos neurocientistas e psicólogos evolucionistas. No entanto, bastante foi dito para mostrar que (1) somos forçados a ver e compreender o mundo de certas maneiras; (2) portanto, lutamos para enfrentar intelectualmente as complexas condições sociais e ambientais que criamos; e (3) estamos propensos a manias, ilusões e obsessões que podem ser induzidas por emoções subjacentes, mas que também são consequência de defeitos em nosso processo de pensamento. Portanto, a lacuna entre aquilo de que os seres humanos são capazes cognitivamente e as condições vigentes nas complexas sociedades de massa é enorme.

Em outras palavras, a mente humana está longe de ser uma *tabula rasa* ou uma simples máquina de estímulo-resposta. Não somos autômatos racionais, mas animais viventes, com predisposições e limitações muito bem programadas. Nossas faculdades mentais superiores – como, por exemplo, nossa capacidade de aprender línguas – dependem de diversas estruturas profundas invisíveis, e são bastante influenciadas por elas. O resultado é que os seres humanos são fundamentalmente coagidos emocional e cognitivamente. "Suas paixões forjam suas algemas", e o que são capazes de saber do mundo é uma mera "parábola", que deve tanto (ou mais) às suas paixões quanto às suas faculdades racionais.

A maior parte do que foi dito até aqui será anátema para o racionalista extremo ou para o progressista social. Mesmo aqueles menos apegados ao sonho iluminista do progresso infinito também podem sentir que estou sendo muito pessimista. Mas o importante é ser realista acerca da natureza humana e das capacidades humanas. Se fizermos de conta que as pessoas são melhores, ou mais capazes, do que realmente são, e não fizermos nada para estimulá-las a serem melhores, além de aprovarmos leis punitivas, então a entropia moral será inevitável. Haverá um deslizamento não tão suave rumo a um comportamento progressivamente antissocial, e as principais instituições da sociedade começarão a entrar em colapso. Como os pais sabem, seu pequeno bebê também é um pequeno bárbaro, que deve ser persistentemente persuadido, se não dirigido, para se tornar um ser humano razoavelmente civilizado. Isso ocorre ainda mais com cada novo grupo de bárbaros na sociedade como um todo. Para reiterar, os costumes são tudo.

Fora isso, a situação não é tão sombria quanto pode parecer. Pode ser que, como Immanuel Kant afirmou, "da madeira torta da humanidade nenhuma coisa reta já foi feita",[27] mas também temos a afirmação de Aristóteles: "armas para o uso da sabedoria e da virtude". Precisamos utilizar essas armas para compensar nossos limites cognitivos e fomentar nossa melhor natureza. E temos mesmo uma melhor natureza para fomentar. Como exposto por diversos estudos recentes, a moralidade é inerente à linha mamífera de descendência:

---

27 *Apud* Isaiah Berlin, *The Crooked Timber of Humanity*, Princeton: Princeton University Press, 1998, p. 19.

os animais também possuem uma natureza moral.[28] Mesmo Konner reconhece que os seres humanos não são inteira ou irredimivelmente maus, pois certo tipo de ética, encontrada de forma universal, é tão natural para nós quanto a geometria euclidiana.[29] Portanto, a compaixão e outros sentimentos morais são inatos aos seres humanos, só precisando ser cultivados e apoiados para que construamos uma ordem social que, não obstante imperfeita, seja razoavelmente harmoniosa e decente – e, talvez mais importante nesse momento, propícia à sobrevivência humana a longo prazo.

A essência do que é necessário é captada em três palavras gregas: *therapeia*, *paideia* e *politeia*. Deixando as duas últimas para depois, vamos nos concentrar na primeira. A psicologia profunda pinta um quadro admonitório da psique, mas também oferece um caminho terapêutico rumo a uma maior maturidade social e pessoal; isto é, rumo à sabedoria e à virtude, tanto no indivíduo como na sociedade.

Até aqui, enfocamos as limitações da psique humana e as tendências para o excesso, o conflito e o desequilíbrio, resultantes de sua herança evolucionária. Esse entendimento deveria nos inclinar a uma maior humildade e moderação, tanto pessoal como coletivamente, mas, provavelmente, não é suficiente para determinar essa atitude. O ego não quer ser humilde ou moderado, requerendo, portanto, um remédio forte para ser capaz de adotar esse comportamento. E para o ego ingerir o remédio, deve ver de forma clara que a humildade e a moderação são de seu maior interesse, não só de forma prudencial, mas porque sua felicidade e seu bem-estar estão inextricavelmente ligados ao destino de todos os seres.

---

28 Frans B. M. de Waal, *Good Natured*, Cambridge: Harvard University Press, 1997; Robert Wright, *The Moral Animal*, Nova York: Pantheon, 1994; Anthony Stevens, *Archetypes*, Nova York: Quill, 1983, p. 220; Steven Pinker, "The Moral Instinct", *New York Times Magazine*, 13 jan., 2008.
29 Melvin Konner, *The Tangled Wing*, Nova York: Holt, Rinehart and Winston, 1982, pp. 427-8, em referência a Waddington.

Já vimos a profundidade e a extensão da inter-relação na esfera da realidade biofísica. Subjacente à aparente diversidade e separação em níveis superior ou individual, há uma unidade fundamental em níveis mais profundos ou coletivos. A mesma unidade fundamental prevalece no âmbito psíquico. Jeans repercute Einstein ao afirmar que nossa consciência humana, aparentemente separada, "forma ingredientes de uma torrente única e contínua de vida".[30] Em outras palavras, nossas breves vidas são expressões de uma vida comum muito maior. A psique não é um epifenômeno, mas uma realidade autônoma e objetiva, que evoluiu biologicamente, ao longo de eras, para conter estruturas e funções que são compartilhadas por todos os seres humanos. A cura para as pequenas deficiências do ego é a conscientização de que todos fazemos parte dessa psique comum e, portanto, estamos profundamente inter-relacionados; unidos, de fato, nos níveis mais profundos da psique. Na bela imagem de Jung, somos como flores vicejando de um único rizoma.

No que vem a seguir, recorro principalmente a Jung e, em segundo lugar, a Freud. Ele foi o gênio fundador da psicologia profunda e produziu metáforas surpreendentes, que permeiam o pensamento moderno. No entanto, Jung o sobrepujou ao perceber que o aspecto sexual era apenas um da libido – não obstante importante – e ao mergulhar, na investigação da pisque, em profundidades maiores do que aquelas em que seu mentor, notoriamente dogmático, estava disposto a ir. (Porém, como Bruno Bettelheim explica, Freud era mais "junguiano" do que sugerem os relatos costumeiros de sua pessoa e sua obra.)

Freud pode ser considerado a última grande figura do Iluminismo. Ele encarava a religião com um olhar profundamente cético, até hostil. Em geral, relutava em abandonar a racionalidade exemplificada pela física clássica, ainda que, paradoxalmente, suas próprias descobertas tenham solapado essa racionalidade. Em contrapartida, Jung

---

30 James Jeans, *Physics and Philosophy*, Nova York: Macmillan, 1943, p. 204.

era um pensador pós-Iluminismo, cuja mentalidade, muito mais aberta, aceitou com entusiasmo os novos desenvolvimentos em biologia e física, acreditando, também, que o mito e a religião tinham funções essenciais na vida humana. (Frequentemente, porém, a acusação de misticismo lançada contra Jung é, em grande medida, injustificável. Em relação a todo o seu envolvimento posterior com o aparentemente oculto, ele foi, em geral, bastante empírico.)

No entanto, o fundamental é que Jung (junto com Otto Rank) rompeu de maneira decisiva com a tradição milenar, vigorosamente reafirmada por Freud: a assim chamada visão colonial da psique, em que a razão imperial procura, em vão, subjugar os instintos e as paixões ingovernáveis, em vez de chegar a um acordo com elas.[31] Como Eurípedes, Jung e Rank entenderam que o domínio racional sobre os instintos não era possível – nem desejável, em última análise.

A redescoberta de Jung da psique objetiva é apoiada por diversos estudos posteriores – por exemplo, o trabalho de Konrad Lorenz e outros etologistas.[32] Entre suas estruturas e funções, incluem-se as predisposições emocionais e as propensões cognitivas já discutidas. No entanto, a psique objetiva contém um recurso ainda mais importante para a formação dos conteúdos da consciência: os arquétipos. Segundo Jung, são eles "formas estruturais *a priori* do material da consciência", que determinam a maneira "pela qual as coisas podem ser percebidas e concebidas" pelos seres humanos.[33]

A consequência prática disso é que a realidade psíquica de cada indivíduo é construída a partir de padrões universais que residem no que Jung chamou de "o inconsciente coletivo", isto é, a psique maior que é comum a todos os seres humanos, como resultado de sua herança

---

31 Anthony Stevens, *Archetypes*, Nova York: Quill, 1983, p. 282.
32 *Ibid.*, 58-60; Anthony Stevens, *The Two-Million-Year-Old Self*, College Station: Texas A&M University Press, 1993, pp. 19-22.
33 Carl G. Jung, *Memories, Dreams, Reflections*, Nova York: Vintage, 1989, p. 347. Para uma definição mais técnica, ver Anthony Stevens, *op. cit.*, p. 296.

evolucionária compartilhada. Esses padrões moldam, mas não determinam, os nossos conteúdos psíquicos. Nesse sentido, os arquétipos são como as ideias de Platão: da mesma forma que podem existir diversas variações sobre a ideia de uma cadeira, a forma do arquétipo pode assumir formas distintas na vida dos indivíduos. Toda mãe é diferente, mas cada uma expressa o arquétipo da Mãe, positiva ou negativamente.

Os arquétipos junguianos podem parecer entes espectrais, sem base empírica. No entanto, como Jung assinalou, o físico está na mesma posição do psicólogo, pois a realidade subjacente só pode ser inferida a partir de suas manifestações:

> Constantemente, devemos ter em mente que aquilo que entendemos por "arquétipo" é, em si, irrepresentável, mas possui efeitos que tornam possível sua visualização; a saber, as imagens e ideias arquetípicas. Na física, deparamo-nos com uma situação similar: nela, as menores partículas são irrepresentáveis, mas possuem efeitos, a partir dos quais podemos construir um modelo das partículas.[34]

Em outras palavras, da mesma forma que podemos ver o padrão das limalhas de ferro sobre uma folha de papel, mas não a força magnética que causa isso, também experimentamos somente os efeitos da força arquetípica, e não o arquétipo subjacente em si, que permanece para sempre oculto e inacessível.

De fato, os padrões universais equivalentes aos arquétipos regem não só a psique, mas também toda a vida humana. Há uma "gramática universal" subjacente à multiplicidade de línguas humanas, de modo que, mesmo se todas as línguas existentes desaparecessem, a geração seguinte logo inventaria um *pidgin* que, no tempo apropriado, evoluiria para uma língua literária madura. Assim, também há um

---

34 *Apud* Anthony Stevens, *The Two-Million-Year-Old Self*, College Station: Texas A&M University Press, 1993, p. 7.

padrão universal para a vida humana subjacente à multiplicidade de distintas culturas.[35] Para o antropólogo, a vida humana não é mais que um conjunto de diversificações de temas universais, variando desde gradientes etários até xenofobia, que são aspectos desse padrão universal.[36] De fato, Robin Fox afirma, tal é a força do modelo básico da vida humana que haveria sempre novos Adão e Eva, que, "com o tempo, originariam uma sociedade que reproduziria a nossa em todas as características essenciais".[37]

Se tudo isso parece muito "mitológico", tudo bem. Lembremos que os seres humanos são, de modo irredimível, do paleolítico inferior. A civilização é uma camada superficial sobre um desenvolvimento fundamentalmente primitivo e arcaico. Como também vimos, a metáfora é a base do entendimento humano: assim, o símbolo e a história, e não o discurso racional, são a língua materna da psique. Conclui-se que a mente humana é basicamente mitológica, tanto em suas operações como em seus conteúdos, e que o mito é a ponte indispensável entre nossas realidades interiores e exteriores. Os mitos não são tentativas fantásticas de selvagens ignorantes para explicar a realidade na ausência de métodos confiáveis para determinar a verdade empírica. Em vez disso, são tentativas alegóricas, embelezadas com detalhes reconhecidamente fantásticos, para expressar a inter-relação entre os aspectos natural, cultural e psíquico da realidade – isto é, a verdade cósmica do parentesco. Em outras palavras, os criadores de

---

35 Claude Lévi-Strauss, *The Savage Mind*, Chicago: Chicago University Press, 1966; Anthony Stevens, *Archetypes*, Nova York: Quill, 1983, pp. 39-47, 220; Anthony Stevens, *The Two-Million-Year-Old Self*, College Station: Texas A&M University Press, 1993, pp. 27-31; Robin Fox, *The Search for Society*, New Brunswick: Rutgers University Press, 1989, p. 20; O. B. Hardison Jr., *Entering the Maze*, Nova York: Oxford University Press, 1981, pp. 277-88.
36 Robin Fox, *op. cit.*, pp. 11-34; Anthony Stevens, *op. cit.*, pp.15-9, 65-6; Alexander J. Argyros, *A Blessed Rage for Order*, Ann Arbor: University of Michigan Press, 1992, pp. 220-1, em referência à obra de Turner e Murdock.
37 Robin Fox, *op. cit.*, pp. 21-2.

mitos pré-científicos fizeram com a imaginação aquilo que os cientistas realizaram atualmente com a teoria: descrever o cosmos como ser vivo e obra de arte, e não como um autômato inanimado.

Qualquer abordagem relativa à psique humana, por mais que seja empírica, deve necessariamente ser mitológica. Nossa saúde depende da existência de uma boa relação com o nível arquetípico, por meio da participação numa tradição cultural viva, que articula um mito apropriado, ou mediante contato direto com a fonte do mito no inconsciente coletivo. A incapacidade de estar conectado às profundezas mitológicas da psique leva à doença: mental, na forma de neurose, ou pior, doença física, na forma de dores psicossomáticas, e também doença social, expressa como dependência, anomia, ansiedade etc.

A doença psicossomática, que resulta dos conflitos entre as camadas da psique, foi confirmada por pesquisadores médicos. Por exemplo, o neurologista A. T. W. Simeons afirma que nossa rápida evolução cultural nos deixou "governados pelo córtex" – isto é, dominados psicologicamente por um cérebro racional arrivista, à custa do mesencéfalo mamífero e do tronco cerebral reptiliano. No entanto, o subcórtex humano não sabe nada, e entende menos de civilização. Portanto, reage aos acontecimentos como se ainda estivesse vivendo como apenas outro animal nas planícies africanas, enquanto o córtex está aculturado pela vida moderna e responde de maneira apropriada. Portanto, os seres humanos civilizados estão divididos entre duas realidades conflitantes. A doença psicossomática que permeia as sociedades modernas possui uma base fisiológica real; não está "apenas na cabeça". Considerados os fatos neurológicos da vida, afirma Simeons, há apenas uma única estratégia possível para a saúde física genuína: elevar a atividade subcortical à consciência e lhe fazer a devida justiça – ou seja, exatamente o que a psicologia profunda prescreve para a saúde mental.[38]

---

38 A. T. W. Simeons, *Man's Presumptuous Brain*, Nova York: Dutton, 1961.

Apesar de seu caráter aparentemente mitológico, os arquétipos são reais, e devem ser levados em conta. São modelos psicológicos análogos àqueles encontrados no mundo físico, e atendem ao mesmo propósito: organizar a realidade psíquica de acordo com as capacidades limitadas do sistema nervoso humano. Embora invisíveis, manifestam-se concretamente no inconsciente pessoal do indivíduo como "complexos". Estes, por sua vez, medeiam e controlam os pensamentos, as emoções e as ações conscientes por meios dos quais ficamos, normalmente, quase inteiramente inconscientes.

Essa falta de consciência é um problema. Inconsciente e neuroticamente, exprimimos os conflitos interiores de maneiras que prejudicam nossa própria pessoa e os outros. Portanto, precisamos tornar consciente o inconsciente. Quando desenvolvemos consciência das origens de nossos motivos e ações, podemos começar a trazer nossa vida para algo semelhante a um controle consciente. Como Freud afirmou, "onde o id estava, ali estará o ego". No entanto, a visão de Freud da condição humana, como expressa em *O mal-estar na civilização*, era resolutamente pessimista. Como uma fortaleza sitiada, mal resistindo à imensidão do inconsciente, a posição do ego era precária. Não era nem mesmo senhor de sua própria casa. Além disso, as condições da vida civilizada tornam inevitáveis a repressão e suas penosas consequências; assim, o melhor que a psicanálise podia esperar alcançar era a troca da miséria neurótica pela infelicidade comum. Desse modo, Freud preconizou a resignação heroica diante da adversidade da vida.

Para Jung, porém, fazer brilhar a luz da consciência sobre o que ele denominou "a sombra" não era mais do que um primeiro passo na direção de uma cura genuína para o "animal doente" criado pela civilização. O descontentamento neurótico crônico se dissolve somente quando o pequeno ego estabelece uma relação com algo maior que ele mesmo: um *self* transcendente que, por meio de sua ligação com o inconsciente coletivo, chega a um conhecimento direto de seu parentesco com todos os seres e alcança alguma noção de "numinoso".

Assim, em última análise, a terapia jungiana é espiritual, e não racional – "a questão decisiva para o homem é: ele está relacionado com algo infinito ou não?".[39]

O objetivo da terapia de Jung era fazer o paciente atravessar um processo que ele designou "individuação", para ativar esse *self* maior, transcendente; não por meio da ascensão para a luz, mas por meio da descida à escuridão, segurando a tocha da consciência com o objetivo de harmonizar o espírito e o instinto. Essa integração deliberada e consciente do que é normalmente rejeitado e reprimido porque parece negativo ou destrutivo permite que a psique se torne um todo e não fique mais dividida entre as demandas da natureza e as da cultura.

Ao contrário de Freud, para quem a natureza era objeto de apreensão, a ser subjugado pelo ego racional, Jung constatou que o animal humano estava doente porque fora desarraigado do solo do instinto por uma civilização excessivamente racional, que frustrava de modo sistemático suas necessidades arquetípicas: "em última análise, a maior parte de nossas dificuldades ocorre por causa da perda de contato com nossos instintos, do esquecimento da antiga sabedoria armazenada em nós".[40] Era como se estivéssemos confinados em um ou dois aposentos claustrofóbicos, numa mansão antiga cheia de riquezas extraordinárias: "a razão supervalorizada tem isso em comum com o absolutismo político: sob seu domínio, o indivíduo é pauperizado".[41] De fato, afirmou Jung, os homens e as mulheres modernos estão no mesmo estado lamentável, como uma tribo primitiva desprovida de suas antigas tradições: totalmente desanimados.[42]

O pior é que a perda de contato com os instintos transforma o homem num "fantoche do diabo":

---

39 Carl G. Jung, *Memories, Dreams, Reflections*, Nova York: Vintage, 1989, pp. 325. Ver também Otto Rank, *Beyond Psychology*, Nova York: Dover, 1941, p. 37.
40 Carl G. Jung, *C. G. Jung Speaking*, Princeton: Princeton University Press, 1977, p. 89.
41 *Idem, Memories, Dreams, Reflections, op. cit.*, p. 302.
42 Carl G. Jung et al., *Man and His Symbols*, Nova York: Dell, 1968, p. 84.

No homem civilizado, as forças instintivas represadas são imensamente destrutivas e muito mais perigosas do que os instintos do primitivo, que, num grau modesto, está vivendo constantemente seus instintos negativos. Portanto, nenhuma guerra do passado histórico é capaz de rivalizar em grandiosidade de horror com as guerras das nações civilizadas.[43]

Paradoxalmente, o caminho para o mundo numinoso do *self* transcendente passa através dos instintos – por meio de um acordo com a nossa natureza animal. A psique contém todos os opostos e, assim, espírito e instinto são inseparáveis: um não pode existir sem o outro. Em um amplo sentido, o objetivo da terapia deve ser a integração de todas as tendências e os impulsos conflitantes da psique, pois a repressão provoca uma demanda psíquica inevitável e obsessiva por aquilo que foi reprimido. Outra maneira de expressar o objetivo da terapia junguiana é que ela visa unificar os opostos num "casamento sagrado", que obtém o equilíbrio e a integridade psíquica, e, portanto, a saúde mental verdadeira.

Com base em sua vida e em sua longa experiência clínica, Jung acreditou que tinha descoberto uma maneira pela qual os indivíduos podiam transcender o egoísmo sem perder a autonomia ao longo do caminho. Atravessando a rota da individuação, o paciente primeiro fortalece o ego por meio da integração dos instintos, mas, em seguida, prossegue e dissolve a casca rígida do ego mediante a religação com "algo que vive e perdura sob o fluxo eterno". Como resultado dessa experiência, que pode ser mais ou menos poderosa e completa, origina-se para ele uma felicidade interior relativamente independente das condições externas, e, também, a disposição de levar uma vida razoavelmente virtuosa, em harmonia com o próximo. Como Jung afirmou, "o processo natural de

---

43 Carl G. Jung, *Psychological Reflections*, Princeton: Princeton University Press/Bollingen, 1973, p. 232.

individuação traz à tona uma consciência da comunidade humana, exatamente porque nos torna cientes do inconsciente, que une e é comum a toda humanidade".[44] Portanto, "a individuação não leva ao isolamento, mas a uma solidariedade mais intensa e mais universal".[45] Em essência, a individuação significa alcançar o grau mais completo de individualidade, mas sem o egoísmo, a competitividade, o ressentimento, a alienação, a solidão e o narcisismo ligados ao individualismo de hoje. Assim, a individuação é, "em última análise, uma questão de ética": torna-nos verdadeiramente humanos e genuinamente civilizados.[46]

Colocando a questão num contexto maior (e mais freudiano), o fato é que nosso moderno estilo de vida, excessivamente abstrato, demasiadamente racional e aridamente mecanicista, repudia, de modo explícito, Eros – a força que cria e sustenta a vida em toda a sua variedade e encanto, e que une as formas de vida em comunidades. No entanto, como Eros inspira a maioria das coisas que fazem valer a pena viver – beleza, alegria, criatividade, amizade e amor – rejeitar Eros é empobrecer a si mesmo ou, ainda pior, convidar Tânatos, a força antagônica que extingue a vida, a cortar a ligação, eliminar a beleza e liquidar a alegria. Eis como Jung expressou isso:

> Eros é um companheiro questionável e sempre permanecerá assim [...] Pertence, por um lado, à natureza animal primordial do homem, que perdurará enquanto o homem tiver um corpo animal. Por outro lado, está relacionado com as formas mais elevadas do espírito. No entanto, floresce só quando o espírito e o instinto estão em harmonia correta. Se um aspecto ou o outro estiver em falta [...] o resultado

---

44 Idem, *The Practice of Psychotherapy*, Princeton: Princeton University Press, 1985, p. 108.
45 Idem, *Two Essays on Analytical Psychology*, Princeton: Princeton University Press, 1972, p. 155.
46 Anthony Stevens, *Archetypes*, Nova York: Quill, 1983, p. 142. Ver também Erich Neumann, *Depth Psychology and a New Ethic*, Nova York: Harper & Row, 1973.

é dano ou, no mínimo, uma assimetria que pode facilmente guinar para o patológico. Demasiado do animal distorce o homem civilizado; demasiada civilização deixa os animais doentes.[47]

Portanto, as consequências do repúdio a Eros são profundas. Não obstante o pensamento convencional, a civilização está em perigo não tanto pelo natural e erótico em si mesmo, mas pela negação ou repressão de nossa natureza instintiva. Isso transforma os seres humanos em animais doentes, cujos impulsos frustrados e demandas inconscientes serão expressas, patologicamente, no célebre "retorno do reprimido", que pode assumir forma tanto individual como coletiva.[48] Como Erich Neumann expressou, "a clivagem do inconsciente" ativa impulsos perigosos, que "devastam o mundo autocrático do ego com invasões transpessoais, epidemias coletivas e psicoses de massa".[49] Em outras palavras, a ameaça real para a civilização não é nossa natureza demasiado humana, mas o barbarismo que se origina quando um excesso de civilização, ou o tipo errado de civilização, frustra ou distorce essa natureza e, portanto, cria uma multidão de neuróticos (e não de alguns psicóticos).

Assim, a individuação de Jung é muito mais do que uma cura individual: também é uma autêntica *therapeia*. Possibilita pensar a respeito de como podemos começar a criar uma sociedade razoavelmente sã e humana a partir da "madeira torta da humanidade"; uma sociedade em que haja uma harmonia básica do instinto e do espírito, e em que todos os aspectos da personalidade humana possam florescer e, mesmo assim, permanecer contidos.

---

47 Carl G. Jung, *Two Essays on Analytical Psychology*, Princeton: Princeton University Press, 1972, p. 28.
48 Ver Volodymyr W. Odajnyk, *Jung and Politics*, Nova York: Harper & Row, 1976, pp. 64-5, acerca da "exteriorização compensatória" do conteúdo psíquico.
49 Erich Neumann, *The Origins and History of Consciousness*, Princeton: Princeton University Press, 1970, p. 389.

A contenção é fundamental. A individuação não tem nada a ver com a atuação amoral resultante dos impulsos instintivos. O erro primordial da era moderna foi achar que as paixões – as forças poderosas do inconsciente – podem ser desatreladas sem causar dano. No entanto, reprimi-las não é melhor, pois isso cria um bando de animais doentes e gera o retorno do reprimido. Portanto, os instintos devem ser conscientemente sublimados; isto é, nem excessivamente expressos, nem severamente reprimidos, mas, sim, transmudados, direcionados para fins superiores, tanto pessoais como sociais.

Jung não tinha ilusões a respeito do que talvez fosse necessário: "basicamente, a humanidade ainda está no estágio da infância, um estágio que não podemos pular. A maioria precisa de autoridade, orientação, lei. Esse fato não pode ser desconsiderado".[50] Portanto, embora fosse, em geral, desdenhoso de coletividades, Jung tomou partido do Grande Inquisidor, de Dostoiévski:

> As identidades coletivas são muletas para os aleijados, escudos para os tímidos, leitos para os preguiçosos, creches para os irresponsáveis; mas também são abrigos para os pobres e os fracos, um porto seguro para os náufragos, o seio de uma família para os órfãos, uma terra prometida para os errantes desiludidos e peregrinos fatigados, um rebanho e um redil seguro para ovelhas perdidas, e uma mãe que fornece alimentos e crescimento. Portanto, é errado considerar esse estágio intermediário como uma armadilha; ao contrário, durante muito tempo, representará a única forma possível de existência para o indivíduo.[51]

Assim, a individuação não é uma questão apenas individual, e não ocorre num vácuo social. O inconsciente contém energias arquetípicas

---

50 Carl G. Jung, *Two Essays on Analytical Psychology*, Princeton: Princeton University Press, 1972, p. 239.
51 Idem, *Memories, Dreams, Reflections*, Nova York: Vintage, 1989, pp. 342-3.

formidáveis, que devem ser pessoalmente sublimadas e culturalmente direcionadas para que não assumam formas perigosas. Tornar a maior autoconsciência (junto com maior sofisticação cognitiva) uma realidade social, ou até mesmo um objetivo abrangente da vida humana, presume, portanto, a existência de um arcabouço social e político capaz de modular os impulsos psíquicos de uma multidão de indivíduos, para benefício de todos. Em outras palavras, uma cultura rica, uma comunidade forte e um governo genuinamente devotado a esse fim. Em resumo, a individuação envolve uma real *política* da consciência.

O que pode ser essa política é o assunto dos capítulos a seguir. No entanto, dado o padrão homogêneo das três disciplinas examinadas até aqui, começamos com uma base ética clara, contida nas leis naturais que emergem da maneira como as coisas são. Precisamos ser humildes acerca de nossas limitações, tanto externas como internas; precisamos moderar nosso comportamento para evitar desequilíbrios, tanto físicos como mentais; e precisamos honrar nossa ligação íntima com a vida – tanto a material como a espiritual.

Também começamos com uma base intelectual clara, pois a psicologia, junto com a ecologia e a física, "definitivamente, decidiu-se por Platão". O que são os arquétipos senão ideias platônicas? Mesmo se repudiarmos os arquétipos – ou tudo de Jung –, pareceria incontestável a evidência de guerra entre razão e paixão no interior do coração humano e, acima de tudo, da existência de estruturas profundas governando a percepção humana. Ao estudarmos a natureza, constatamos que estamos realmente investigando nossa própria consciência, pois é a natureza de nossa própria mente que decide o que podemos observar. A luz se transforma em sombras sobre a parede da caverna não porque existam ideias fora dali, no céu epistemológico, mas porque há modelos ocultos para organizar a experiência no interior do cérebro e da mente humana. Como William James afirmou, "a realidade é a apercepção em si".[52]

---

52 William James, *Essays in Radical Empiricism*, Mineola: Dover, 2003, p. 112.

Mesmo sem considerar o idealismo de que compartilham, a psicologia de Jung e a filosofia de Platão – ou a *therapeia* de Jung e a *paideia* de Platão – têm tudo em comum. Como a verdade norteadora para o homem deve ser encontrada na luz fora da caverna aprisionadora da psique pessoal, a tarefa de cada indivíduo é procurar escapar dessa prisão, acessando a inteligência primordial que subjaz e anima tanto o mundo fenomenal quanto o psíquico. E o papel da sociedade é apoiar os seres humanos nesse esforço.

A sombra de Sócrates deve estar se regozijando em Hades, ao tomar conhecimento de que a ciência moderna, buscando descobrir uma realidade física rigorosa, livre de todas as forças invisíveis, só teve êxito em reconstruir sua caverna sombria. Desse desenvolvimento deriva a filosofia no modo socrático: a saber, uma rejeição dos valores meramente materiais e uma busca por sabedoria e virtude. De nenhuma outra maneira podemos amansar as paixões do "homem de 2 milhões de anos", de modo que ele seja adequado para a civilização e, ao mesmo tempo, a recrie, tornando a civilização adequada para ele.

A POLÍTICA DA CONSCIÊNCIA

PAIDEIA

> A mera racionalidade dotada de propósito, sem o auxílio de fenômenos como arte, religião, sonho e seus similares, é necessariamente patogênica e destrutiva da vida [...]. Nossa perda de sentido da unidade estética foi, simplesmente, um erro epistemológico [...] mais sério do que todas aquelas insanidades menores, que caracterizam aquelas epistemologias mais antigas, que concordavam com a unidade fundamental.
> Gregory Bateson[1]

Paideia é *therapeia* em escala maior. A *therapeia* é a restauração da unidade da psique, de modo que as necessidades arquetípicas do "homem de 2 milhões de anos" sejam reconciliadas com as demandas da vida civilizada. A *paideia* é a recuperação da "unidade estética" destruída pela "mera racionalidade dotada de propósito". É uma cura para a insanidade maior de uma forma de pensar e de um estilo de vida que ignoram a "unidade fundamental" – sendo, portanto, "necessariamente patogênica e destrutiva da vida".

Em outras palavras, a *therapeia* envolve a obtenção da sanidade instintiva e emocional, ao passo que a *paideia* envolve a obtenção da sanidade cognitiva e intelectual: que

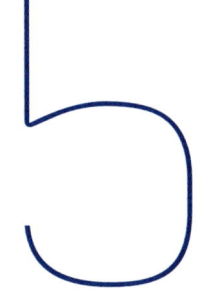

---

1   Gregory Bateson, *Steps to an Ecology of Mind*, Nova York: Ballantine, 1972, p. 146; Gregory Bateson, *Mind and Nature*, Nova York: Bantam, 1980, p. 19.

epistemologia, que modo de pensar, que visão de mundo, que mito ou metáfora fomentarão um estilo de vida são, humano e ecologicamente viável ao longo dos séculos por vir?

Essa não é uma busca utópica para endireitar a madeira torta da humanidade. As paixões só podem ser amansadas, e não transmudadas, e a política como arena de conflito estará conosco para sempre. No entanto, uma sanidade maior, individual e coletiva, está ao nosso alcance, desde que nos apoiemos sobre a unidade estética de Bateson. Sendo essa a nossa premissa, podemos descobrir e, em seguida, instituir politicamente uma regra de vida aristotélica, que incline nossa civilização a uma virtude sábia, em vez de a uma selvageria ímpia. A menos que transformemos logo nossa relação puramente instrumental com a vida, encararemos um futuro sombrio de aflição neurótica, declínio social, pobreza espiritual e privação ecológica.

Vamos diferenciar *paideia* de educação, que é como geralmente a entendemos. A maior parte do que denominamos educação é, de fato, instrução nos métodos e nos valores da "mera racionalidade dotada de propósito". Com raras exceções, os estudantes cursam universidades não para se tornarem seres humanos melhores ou mais universais, mas para obterem um diploma que proporcionará um emprego vantajoso no complexo militar-industrial-financeiro-político-midiático – ou na própria universidade, que se tornou (é triste dizer) um tipo de fábrica de conhecimento aliada a esse complexo.

Assim, a maioria dos estudantes recebe uma educação técnica limitada, que os prepara para carreiras, tornando-os marginalmente competentes em matemática ou metáfora, mas raramente em ambas. Ao contrário da afirmação de muitos, de que ingressamos numa nova idade de ouro do conhecimento e da aprendizagem, nossas fábricas educacionais "produzem" graduados que são, pelos padrões do passado, profundamente ignorantes. Mesmo os supostos melhores e mais brilhantes de hoje são meros especialistas que, como se diz, sabem cada vez mais sobre cada vez menos. Paradoxalmente, considerando todos os recursos destinados à indústria da educação, seu "resultado" é um tipo de idiotismo.

Pensadores pré-modernos, como Montaigne, e os primeiros pensadores modernos, como Locke, dispunham de pequenas bibliotecas particulares, com algumas centenas de livros, mas tinham domínio da tradição ocidental desde os tempos mais antigos, além de um entendimento completo das obras de suas respectivas sociedades. Independentemente de suas deficiências pessoais ou intelectuais, detinham uma visão geral da condição humana que era próxima do melhor que suas respectivas épocas podiam alcançar.

Em comparação, somos indigentes intelectuais. Em analogia à lei de Gresham, a economia da mente desvalorizou o conhecimento, primeiro atolando-o em informações e depois submergindo-o em dados. Temos a contagem exata de todos os gatos em Zanzibar, mas o significado, o contexto e a coerência nos escapam completamente.

Em contraste, a *paideia* é "o processo de educar o homem em sua forma verdadeira, a natureza humana real e genuína".[2] É educação em favor da excelência, educação para a arte de governar, educação dedicada aos ideais gregos da beleza e do bem, educação projetada para inculcar uma apreciação profunda da unidade estética do mundo.

As conotações aristocráticas são evidentes. A *paideia* destina-se a formar uma elite em seu sentido original, não pejorativo: "os melhores ou mais qualificados membros de um determinado grupo social". Ao procurar desenvolver uma aristocracia natural, em vez de uma meritocracia artificial, a *paideia* contradiz diretamente o *éthos* democrático vulgar predominante, de acordo com o qual não podem existir "melhores".

No entanto, elites são inevitáveis. Em qualquer campo do esforço humano, os melhores se sobressaem, a menos que sejam impedidos à força. Por exemplo, há atletas de elite e acadêmicos de elite. O mundo da política é mais complicado, mas não é diferente. Depois que a

---

[2] Werner Jaeger, *Paideia*, 3 vols., Nova York: Oxford University Press, 1939, 1943, 1944, I, XXIII.

comunidade organizada politicamente cresceu e passou a se reunir sob um carvalho numa praça do vilarejo, o encargo e a oportunidade de governança recaíram, necessariamente, sobre um grupo pequeno de iniciados – isto é, uma oligarquia. A questão é: essa oligarquia é uma elite genuína, que governa de acordo com um ideal inspirador e com alguma noção de *noblesse oblige*? Ou é uma pseudoelite – "uma camarilha pequena e poderosa" – que governa em seu próprio interesse e administra o Estado como uma quadrilha? Nossa atual classe dominante – uma oligarquia meritocrática associada a uma plutocracia predatória – parece se assemelhar mais à segunda do que à primeira. Seja como for, pela própria natureza das coisas, a sociedade e o Estado sempre serão dirigidos por uma oligarquia, mas devemos controlar a natureza da classe dominante resultante, para evitar que terminemos como sujeitos oprimidos por uma elite criminosa.[3]

Elites também são necessárias pelo motivo levantado por Gustave Le Bon:

> Até agora, as civilizações foram criadas e dirigidas por uma pequena aristocracia intelectual, e nunca por multidões. As multidões só são poderosas quando com o intuito de destruição. Sua regra sempre equivale a uma fase bárbara. Uma civilização envolve regras fixas, disciplina, a passagem do estado instintivo para o racional, premeditação do futuro, um grau elevado de cultura – condições de que as multidões, deixadas a si mesmas, mostraram-se invariavelmente incapazes de se dar conta.[4]

---

3   Para uma discussão mais ampla a respeito da inevitabilidade da elite, ver William Ophuls, *Requiem for Modern Politics*, Boulder: Westview, 1997, pp. 203-4, 254-7, 260-3.
4   Gustave Le Bon, *The Crowd*, Mineola: Dover, 2002, XIII.

O pior é que, como Jung assinala, a ausência de uma boa elite abre as portas para uma má elite:

> O nivelamento das massas por baixo, mediante a supressão da estrutura aristocrática ou hierárquica, natural a uma comunidade, deve, mais cedo ou mais tarde, levar ao desastre. Pois, quando tudo o que existe é nivelado por baixo, as indicações são perdidas, e o desejo de ser conduzido torna-se uma necessidade urgente.[5]

Em resumo, sem uma elite genuína – capaz de sustentar uma regra de vida que fomente algum grau razoável de sabedoria e virtude, e que responda de modo realista e efetivo aos desafios – nenhuma sociedade ou civilização é capaz de perdurar por muito tempo. A *paideia* consiste em descobrir esse *éthos* e formar essa elite.

Proponho a epistemologia, a ontologia e a ética articuladas nos três capítulos anteriores como o novo *éthos*. Essa transformação radical de nosso modo de pensar e de ser apoiaria a civilização sobre a realidade ecológica, física e psicológica, e não sobre o húbris. Também nos inspiraria a criar uma civilização mais digna do nome.

A tarefa fundamental da nova *paideia* será devolver a beleza ao seu lugar legítimo no panteão dos valores humanos. Talvez pareça estranho sugerir a falta de beleza como o defeito mais grave de uma civilização utilitária. Por que a beleza é importante? E podemos dizer que está ausente da civilização quando todos os tipos de suposta arte estão sendo produzidos? Para responder à última pergunta primeiro, James Buchan descreve o drama da beleza numa cultura totalmente comercializada:

> A sensação de beleza não consegue sobreviver numa era de dinheiro, pois qualquer beleza deve ser explorada, reproduzida um milhão de

---

[5] Carl G. Jung, *Psychological Reflections*, Princeton: Princeton University Press/Bollingen, 1973, pp. 166-7.

vezes por todas as mídias abertas à inventividade comercial, até que só possamos cobrir os olhos e tapar os ouvidos. A única sensação estética da modernidade é a náusea: náusea permanente, letal.[6]

Além disso, quando as artes florescem somente à margem da sociedade, fragmentam-se em subculturas povoadas por grupinhos de especialistas e aficionados. Não funcionam mais como uma escola para o entendimento humano, como funcionavam no passado. Por exemplo, não temos nada remotamente comparável aos grandes dramaturgos da antiga Atenas ou da Inglaterra elisabetana, para nos ajudar a atacar as questões culturais profundas.

Ainda mais importante: qual é a qualidade da arte que vem sendo produzida, sobretudo na assim chamada vanguarda? Ela nos inspira com ideias superiores ou visões mais nobres da vida? Conecta-nos com nossas profundezas arquetípicas ou com o prodígio da criação? Ou apenas transmite-nos um estilo de vida cada vez mais desconexo, frenético e artificial? Da mesma forma que a abundância de leis feitas pelos homens jamais é capaz de compensar a falta da lei moral, a "arte" que não é verdadeira ou essencialmente bela é um sintoma de corrupção, e não de saúde.

Seja lá como for definida, a beleza é crítica. Em primeiro lugar, a ausência ostensiva da beleza na civilização moderna acarreta consequências graves. A beleza, afirma o psicólogo James Hillman, é "a Grande Reprimida, o tabu que nunca é mencionado", enquanto o assédio sexual, o vício, a perversão e todos os outros objetos de repressão há um século são agora notícias de primeira página.[7] Por consequência, prossegue Hillman, o local principal da opressão psíquica, hoje, mudou do interior para o exterior; do inferno interior da repressão pessoal para o caos exterior de um estilo de vida abarrotado,

---

6   James Buchan, *Frozen Desire*, Nova York: Farrar, Straus, Giroux, 1997, p. 191.
7   James Hillman, "And Huge Is Ugly", *Bloomsbury Review*, jan./fev. 1992, 3, p. 20.

burocrático e poluído, cheio de coisas que são "sórdidas, brutais, repulsivas, vulgares, ordinárias, depravadas".[8] No entanto, viver num cenário tão hostil não pode ser saudável. A feiura entorpece e adoece a psique, tornando-a cada vez mais inerte para o mundo. Para Hillman, "a beleza é uma necessidade epistemológica; *aistheis* é como conhecemos o mundo".[9] Também é "uma necessidade *ontológica*": eleva o espírito humano e nos reconecta com a unidade estética, que é a base indispensável para a sanidade individual e coletiva.[10]

Em segundo lugar, para conciliar o "homem de 2 milhões de anos" com a vida civilizada, devemos recompensá-lo, propiciando-lhe um ambiente que responda às suas necessidades arquetípicas. O subcórtex humano, o repositório de nossa herança animal, anseia pelo rico estímulo sensual do mundo natural – isto é, pelo tipo de experiências pelas quais os habitantes de um mundo artificial, sedentos de beleza, pagam, de bom grado, milhares de dólares para desfrutar nas férias. Não pode haver *therapeia* sem uma *paideia* que eleve a beleza a um atributo essencial da civilização, em vez de reduzi-la a algo a ser enterrado em museus ou "colecionado" por pessoas excêntricas e ricas.

Finalmente, a célebre equação do poeta John Keats a respeito da beleza e da verdade é, em si mesma, verdadeira e bela. De fato, a beleza é a verdade mais profunda; uma verdade que é percebida imediata e diretamente como tal, uma verdade que está além da lógica, da ideologia ou do debate. E a beleza é evidência para a verdade, quer num retrato pintado ou numa equação científica. Como o físico Steven Weinberg afirma, "não aceitaríamos nenhuma teoria como final, a

---

8   *Idem, Inter Views*, Nova York: Harper & Row, 1983, p. 136.
9   *Idem, Anima Mundi: The Return of the Soul to the World*, Woodstock: Spring, 1982, pp. 71-93.
10 *Idem, The Thought of the Heart*, Eranos Lectures, vol. 2, Dallas: Spring, 1984, p. 29 (grifo do autor no original). Em consequência, afirma Hillman, a psicologia profunda também é "uma estética profunda", pois o objetivo é resgatar a *joie de vivre* do paciente. *Ibid.*, p. 36.

menos que fosse bela".[11] Assim, a verdade e a beleza são psiquicamente inseparáveis, o que significa que um mundo inundado de feiura também deve parecer falso e irreal.

Mas o que vem a ser essa beleza, que é tão importante? Não é moda ou estilo, mas algo mais profundo; algo que deleita tanto o subcórtex humano quanto a metade direita do córtex, que funciona no modo artístico, e não no analítico. Em outras palavras, a beleza é aquilo que alegra instintivamente a alma do "homem de 2 milhões de anos". A apreciação de um músico diplomado de, por exemplo, uma sonata de Beethoven, será mais refinada e complexa do que a de um ouvinte comum, mas a essência da reação estética humana de agora não é diferente do que era quando nossos antepassados arcaicos dançavam e cantavam ao redor de uma fogueira ou decoravam seus corpos com ocre e óleo.

A beleza não está apenas "nos olhos de quem vê". Podemos não ser capazes de defini-la ou de medi-la com precisão científica, mas conseguimos percebê-la. Afinal, somos capazes de experimentar a beleza essencial da arte produzida por diversas culturas. Os instintos são comuns para toda a humanidade e, assim, há padrões universais de reação estética.

O arquiteto Christopher Alexander chama o conjunto desses padrões de "maneira atemporal"; atemporal, por estar enraizada nos instintos, que não mudaram em 40 mil anos.[12] E essa maneira pode ser especificada. Procurando determinar o que torna as cidades e os edifícios belos, Alexander e seus colegas identificaram 253 padrões universalmente existentes, que constituem uma "linguagem de padrões" por meio da qual a beleza arquitetônica pode ser avaliada e

---

11 Steven Weinberg, *Dreams of a Final Theory*, Nova York: Vintage, 1994, p. 165.
12 Christopher Alexander, *The Timeless Way of Building*, Nova York: Oxford University Press, 1979. Ver também Alain de Botton, *The Architecture of Happiness*, Londres: Hamish Hamilton, 2006.

criada.[13] Não é por acaso que as pequenas cidades italianas nas montanhas são consideradas arquitetonicamente belas por quase todos: elas exemplificam essa linguagem de padrões em um alto grau.[14]

Assim, embora a beleza seja, em certo sentido, imensurável, possui uma base empírica na neurologia e na psicologia humana, e pode, portanto, ser conscientemente compreendida e criada. De fato, deve ser, pois, a menos que despertemos de novo nosso sentido anestesiado de beleza, jamais apreciaremos a unidade estética do cosmos ou afastaremos a civilização de sua presente trajetória rumo à autodestruição.

Conclui-se que um objetivo importante da nova *paideia* deva ser reparar o desequilíbrio radical da cultura e da educação modernas. O problema é que uma civilização instrumentalmente eficiente exaltou os valores do lado esquerdo do cérebro, ou seja, o lado racional-lógico, em detrimento daqueles do lado direito do cérebro, isto é, do artístico-intuitivo.[15] Pondo a questão nos termos tornados célebres por Pascal, enfatizamos exageradamente a "razão", a faculdade associada ao lado esquerdo do cérebro, enquanto desprezamos ou ignoramos as "razões do coração", que possuem seu assento neurológico no lado direito. A solução para essa deficiência envolve uma educação estética num sentido amplo, que vai além da mera apreciação da música ou das artes plásticas.

Duas razões importantes para essa solução já foram dadas. Em primeiro lugar, como a arte é portadora primária da beleza numa cultura, uma educação estética é indispensável. Em segundo lugar,

---

13   Christopher Alexander *et al.*, *A Pattern Language*, Nova York: Oxford University Press, 1977. Essas proposições universais foram encontradas de forma generalizada. Por exemplo, apesar das maneiras estranhas pelas quais os seres humanos ocasionalmente se desfiguram para ficarem "belos", parece haver um acordo quase universal a respeito do que contribui para uma bela feição. Sarah Kershaw, "The Sum of Your Facial Parts", *New York Times*, 8 out., 2008.
14   Norman F. Carver, *Italian Hilltowns*, Kalmazoo: Documan Press, 1994.
15   Robert Ornstein, *The Right Mind*, Nova York: Harcourt Brace, 1997; Jeremy Campbell, *Grammatical Man*, Nova York: Simon & Schuster, 1982, pp. 238-53.

as metáforas e os símbolos transmitidos pela arte também são a linguagem da psique mais profunda. Assim, se quisermos remediar a cisão entre "razão supervalorizada" e paixões primitivas, devemos nos tornar fluentes nessa linguagem novamente.

No entanto, é importante, na mesma medida, o papel vital que a arte desempenha na educação secular. Em primeiro lugar, como Konner destaca, um entendimento profundo da natureza humana (como revelado pela biologia comportamental e pela psicologia profunda) é raramente encontrado nos textos dos cientistas sociais, cujos profissionais, rasos e panglossianos, parecem acreditar que, com bastante reformulação social, logo alcançaremos a utopia. Em vez disso, afirma Konner, são os "artistas da alma" – poetas, dramaturgos e romancistas – que revelam com mais clareza a verdade da condição humana, e que melhor nos ensinam a maneira de enfrentar nossos desafios.[16] Realmente, Thomas considera os artistas como os cientistas da qualidade, pois eles iluminam os mundos que os cientistas comprometidos com a mera quantidade não conseguem alcançar.[17] Mesmo aqueles cujos interesses principais residem na física ou na sociologia, em vez de nas belas-letras, devem, portanto, estudar literatura.

A segunda razão pela qual a educação secular precisa incluir as artes enfocadas no capítulo anterior: o entendimento humano depende completamente da metáfora. Quanto mais metáforas tivermos à disposição, mais propensos ficamos a criar o modelo apropriado para o entendimento da realidade aqui e agora. Mesmo a descoberta científica depende decisivamente da metáfora. Se invertermos a ótica, podemos considerar que, se uma abundância de metáforas é, como Aristóteles afirmou, sinal de genialidade e fonte de criatividade, então a parcimônia

---

16 Melvin Konner, *The Tangled Wing*, Nova York: Holt, Rinehart and Winston, 1982, pp. 414-8.
17 Lewis Thomas, *The Medusa and the Snail*, Nova York: Viking, 1979, p. 107.

de metáforas devido a uma educação muito limitada é uma prescrição para a estagnação intelectual e para o idiotismo cultural.

Em terceiro lugar, a educação estética é essencial para o desenvolvimento da faculdade de julgamento, de que precisamos tanto para o entendimento como para a ação. Como o físico Roger Penrose assinala, as verdades matemáticas e científicas são determinadas não apenas pela lógica, mas por uma ponderação cuidadosa da evidência que é orientada, ao menos em parte, pelos critérios estéticos.[18] Einstein sempre sustentou que a intuição, a curiosidade e a imaginação, e não sua mente pensante, levaram-no às suas descobertas revolucionárias: "não foi minha consciência racional que me levou a um entendimento das leis fundamentais do universo".[19] Em outras palavras, mesmo na ciência, o desafio é achar uma metáfora *apropriada*: uma questão de julgamento. Em áreas menos rigorosas, exige-se discernimento real para percebermos padrões ocultos numa multiplicidade de variáveis. Em resumo, a realidade não se impõe sozinha: temos de descobri-la de modo judicioso.

No entanto, o mais importante é que precisamos de discernimento para nos guiar através do emaranhado de assuntos humanos. Carecendo de uma apreciação estética do contexto, da textura, da profundidade, da perspectiva, da nuance e seus semelhantes – isto é, a gama completa de significados e possibilidades –, estamos sujeitos a cometer erros graves. Como Whitehead observou, exaltar o científico, em vez do estético, foi um "erro desastroso", que nos deixou imprensados entre os valores especializados brutos do mero homem prático e os valores especializados finos do mero acadêmico – isto é, entre Wall Street e a torre de marfim –, sem uma base sólida ou realista para tomada de decisões cruciais.[20]

---

18 Roger Penrose, *The Emperor's New Mind*, Nova York: Penguin, 1991, pp. 412-3, 418.
19 *Apud* Holger Kalweit, *Dreamtime and Inner Space*, Boston: Shambhala, 1988, p. 193.
20 Alfred North Whitehead, *Science and the Modern World*, Nova York: Free Press, 1997, pp. 199, 204.

Em nenhum outro lugar a faculdade de julgamento é mais necessária do que na política.[21] Friedrich Schiller explicitou a ligação entre política e estética. Após testemunhar a euforia dos direitos do homem terminar num reino de terror, ele concluiu que "o homem jamais solucionará o problema da política, exceto por meio do problema da estética, pois é só por meio da beleza que ele abre seu caminho para a liberdade".[22]

Para mantermos os pés no chão em relação à questão, devemos levar em conta que um sistema de educação que prepara pessoas para "carreiras", e não para a vida em todas as suas dimensões, sobretudo sua dimensão trágica, levará facilmente seus graduados para a armadilha de Thoreau, de "meios melhorados para um fim não melhorado".[23] Irrefletidamente, construiremos ratoeiras maiores e supostamente melhores, que fazem pouco, ou nada, para melhorar a qualidade de nossas vidas – ou que, até, as tornam piores. Sem julgamento – a capacidade de avaliar a natureza da realidade que nos confronta, para conceber as prováveis consequências de cursos de ação alternativos e, em seguida, considerar o equilíbrio delicado entre fins e meios –, somos pouco mais do que bárbaros versados, cujas decisões míopes e imprudentes terminarão em ruína.

O propósito essencial da nova *paideia* é um movimento da quantidade para a qualidade, e da matéria para o espírito. Nosso problema básico é que estamos nos aproximando do limite do desenvolvimento material, se já não o ultrapassamos. Para mudar nosso foco da expansão exterior para o refinamento interior, precisamos desenvolver

---

21 Esse é um tema importante na obra de Hannah Arendt. Ver da autora: *Lectures on Kant's Political Philosophy*, Chicago: University of Chicago Press, 1989; *The Human Condition*, Chicago: University of Chicago Press, 1998; *Between Past and Future*, Nova York: Penguin Classics, 2006.
22 Friedrich Schiller, *Letters on the Aesthetic Education of Man*, apud O. B. Hardison Jr., *Entering the Maze*, Nova York: Oxford University Press, 1981, p. 74.
23 Henry David Thoreau, *Walden and Other Writings*, Nova York: Bantam, 1962, p. 144.

o "coração" de Pascal, órgão de apercepção e avaliação, que deve ser treinado diligentemente, se quisermos desenvolver suas faculdades ao máximo. Apreciação, intuição, discernimento, imaginação, visão, criatividade e seus semelhantes – as qualidades de que precisaremos para que uma cultura rica, vibrante e bem-sucedida siga em frente – existem, em certo nível, em todo ser humano. No entanto, uma sociedade devotada à mera quantidade se descuidou de educar para essas qualidades, deixando-se sem os recursos necessários para reconstituir uma civilização que, como Jung afirmou, "vendeu sua alma para uma massa de fatos desconectados".[24]

Precisamos de algo como uma versão expandida, mais platônica, do currículo clássico de humanidades – mais platônico porque incluiria música, ginástica e poesia, além de lógica, matemática e outras disciplinas racionais. (Com muita frequência, os leitores modernos confundem, anacronicamente, a razão de Platão em favor do domínio da racionalidade instrumental, quando ela está, na realidade, mais para as razões do coração de Pascal; isto é, uma faculdade que pode ser desenvolvida somente "educando o homem em sua forma verdadeira".) Esse currículo alcançaria os cinco propósitos essenciais de uma educação estética: fomentaria a beleza, cultivaria o coração racional, aumentaria nosso estoque de metáforas, liberaria a intuição e a imaginação, e também ensinaria o realismo e o julgamento. Ao contrário de uma educação meramente técnica ou acadêmica, uma educação verdadeiramente clássica nos enriqueceria física, psicológica, emocional e intelectualmente. Acima de tudo, proporcionaria uma inoculação poderosa contra a maior de todas as ilusões: a de que a visão pessoal da realidade é a única possível.

O próximo elemento crítico envolve a reconstituição da própria razão. A civilização precisa de um novo coração e, também, de uma nova mente. Embora o objetivo da educação estética não seja exaltar a poesia em detrimento da física, mas somente restaurar o equilíbrio

---

24 Carl G. Jung, *Memories, Dreams, Reflections*, Nova York: Vintage, 1989, p. 103.

saudável entre as duas, isso exigirá um modo de raciocínio muito distinto do que aquele da era mecânica – a saber, a adoção mais ampla da visão de mundo ecológica (também chamada de *paradigma de sistemas*) como base para o pensamento e para a ação.

Para esse fim, uma desmistificação radical do que denominamos razão é inevitável. Todos os sistemas, do xamanismo até a ciência, possuem seu próprio princípio de razão. Portanto, a razão se assemelha à linguagem. Da mesma forma que a linguagem jamais pode ser objetiva ou neutra – pois todas as linguagens, sem exceção (matemática incluída), expressam uma visão de mundo particular –, a razão também não é um critério independente ao qual podemos apelar em favor de um sistema e não de outro. A racionalidade instrumental, que a maioria dos contemporâneos acredita ser a única forma válida de razão, não nos foi forçada pela natureza. Foi adotada – em parte conscientemente, mas, na maior parte, de modo inconsciente – para promover os fins de dominação inerentes aos valores culturais da civilização ocidental.[25] Agora que a dominação não é mais um objetivo alcançável, precisamos da razão ecológica.

Nosso pensamento deve se tornar tão complexo quanto sabemos, agora, ser a natureza. O objetivo não é submeter a natureza à nossa vontade – em última análise, isso não é possível –, mas sim nos adaptarmos ao modo pelo qual os sistemas complexos e auto-organizados realmente funcionam. Como Francis Bacon afirmou, de forma memorável, no início da revolução científica, "não podemos comandar a natureza, a não ser obedecendo-a".[26] Paradoxalmente, devemos nos controlar a fim de comandar a natureza, aceitando limites, preservando o equilíbrio e respeitando a relação mútua. Na prática, o significado de uma maior humildade, moderação e ligação será mais bem entendido por meio de exemplos.

---

25 William Ophuls, *Requiem for Modern Politics*, Boulder: Westview, 1997, pp. 101-11, 179-91.
26 Francis Bacon, *Novem Organum* (1620), aforismo 28.

Comparemos duas visões de uma floresta primária. Para o homem econômico, a floresta é um recurso a ser explorado "racionalmente", de modo a obter o maior retorno possível sobre o capital investido. Isso é mais bem concretizado pela derrubada de todas as árvores, venda da madeira serrada e, em seguida, compra de outro recurso para explorar de maneira semelhante, ou pelo investimento do lucro para produzir renda (em alguns casos reflorestando a terra devastada, o que produz uma floresta falsificada). Há pouco incentivo à preservação do estoque de capital original ao longo de um período de tempo maior, pois a silvicultura de rendimento sustentável envolve um ciclo produtivo de diversas décadas. Como "vale mais um pássaro na mão do que dois voando", o valor de algo distante no futuro é reduzido a zero por um ator econômico "racional".

A visão puramente econômica da floresta é demasiado limitada: nada importa, exceto a maximização do lucro, aqui e agora. Em contraste, o homem ecológico inclui tudo, levando em consideração todos os elementos ignorados pelo homem econômico: não só os benefícios práticos a longo prazo, propiciados por florestas vivas (controle contra inundações, qualidade do ar, proteção do solo, moderação climática, preservação da fauna selvagem, recreação etc.), mas também questões sociais e políticas maiores ligadas à exploração da natureza e, inclusive, ao valor estético ou espiritual das florestas. As árvores até podem ser cortadas, mas somente a partir de uma base cuidadosa, seletiva e de rendimento sustentável, compatível com a saúde de todo o sistema a longo prazo.

Um segundo exemplo, a agricultura balinesa, ilustra alguns dos perigos da intervenção em sistemas bem estabelecidos. Também sugere que esses sistemas possuem um tipo de sabedoria – ou, como Bateson diria, sanidade – que estamos agora começando a redescobrir e a apreciar. Em Bali, o cultivo do arroz foi regulado, durante séculos, por algo equivalente a uma religião hidráulica. O resultado foi um sistema agrícola estável e eficiente, que, por mais de um milênio, produziu safras confiáveis, preservando a fertilidade do solo.

No entanto, forasteiros propensos ao desenvolvimento desprezaram o costume antigo, considerando-o supersticioso, e convenceram ou subornaram os agricultores a se converterem à suposta revolução verde: a nova religião da agricultura mecânica, que ordena o cultivo intensivo e contínuo de variedades de arroz de alto rendimento, apoiado por aplicações pesadas de fertilizantes e pesticidas. Embora as safras crescessem inicialmente, logo começaram a declinar aos níveis anteriores, quando pragas desenvolveram resistência aos produtos químicos utilizados para eliminá-las. Além disso, ocorreram diversos "efeitos colaterais" onerosos. Por exemplo, graças à toxicidade dos produtos químicos, enguias e peixes não puderam mais ser mantidos nos arrozais, e, assim, os agricultores perderam uma fonte de proteína importante e tradicional. A revolução verde pode ter tido êxito em outros lugares, mas fracassou em Bali, e os balineses logo voltaram aos costumes de seus antepassados.

Intrigados com esse resultado inesperado, um antropólogo e um biólogo desenvolveram uma modelagem computacional do regime agrícola tradicional. De maneira conclusiva, isso demonstrou que o método secular de rizicultura era, de fato, muito próximo do ideal ecológico.[27]

Os balineses tiveram sorte. Seu sistema tradicional não foi destruído ou esquecido durante o breve flerte com a nova religião, e, portanto, a reconversão foi fácil. Outros povos não tiveram a mesma sorte. Talvez o exemplo mais trágico de intervenção que deu errado, ainda que bem-intencionada, venha do árido Sahel africano, onde especialistas propensos ao mecânico – convencidos de que o progresso estava sendo impedido pela "óbvia" falta de água –, perfuraram poços artesianos para os pastores locais. No entanto, a expansão da criação de animais, tornada possível pela água abundante, provou ser uma melhoria fatal. Mais animais do que todo o sistema podia suportar

---

27   J. Stephen Lansing, *Priests and Programmers*, Princeton: Princeton University Press, 1991.

ano após ano levou à catástrofe: destruição de vastas áreas de pasto, caos social decorrente da destruição do sistema tradicional de repartição de água e pastagem, e uma onda final de fome de grandes proporções. Uma intervenção aparentemente benigna destruiu uma cultura que tinha sustentado os povos do Sahel durante gerações – parcamente, mas com dignidade.[28]

Além da moral superficial a ser tirada dessa triste história – boas intenções nunca são suficientes, e fazer o óbvio nem sempre é a melhor linha de ação –, subjaz uma lição mais profunda: os limites possuem uma função. Nesse caso, o fator limitante, identificado pelos especialistas em desenvolvimento como o problema a ser solucionado, era, de fato, o esteio da sociedade. Como a sociedade tradicional era organizada ao redor da escassez de água, inundá-la implicava destruí-la. Reiterando um ponto ressaltado nos capítulos anteriores, podemos dizer que, quando se trata de sistemas, os limites podem não ser barreiras a superar, mas fronteiras a serem respeitadas.

Um exemplo final revela como os sistemas podem não só frustrar análises e intervenções simplórias, mas também, no final das contas, repelir todas as iniciativas de sujeitá-los à vontade humana. De fato, parece que devemos suportar certos males simplesmente porque são intrínsecos ao sistema. A luta contra eles é um desperdício de tempo, dinheiro, energia e credibilidade. Um exemplo característico clássico é o da mosca tsé-tsé. As iniciativas para erradicar essa suposta peste e, portanto, abrir toda a África ao assentamento humano após a Segunda Guerra Mundial, fracassaram. Por fim, constatou-se que nada menos que somente o extermínio de todos os antílopes, gazelas e zebras poderia efetivar a erradicação da mosca; assim, as áreas infestadas pela tsé-tsé foram relutantemente deixadas para a fauna selvagem. Ironicamente, a magnífica fauna africana pode dever sua

---

28 David Tenenbaum, "Traditional Drought and Uncommon Famine in the Sahel", *Whole Earth Review*, verão de 1986, pp. 44-8.

sobrevivência, em grande parte, a esse inseto pestífero. De novo, o que a mente mecânica identifica e ataca como problema parecerá bastante diferente para a mente ecológica, que considera axiomático que todos os elementos de um sistema estão ali por um motivo, e que os supostos efeitos colaterais nunca podem ser separados dos efeitos planejados. Realmente, do ponto de vista dos sistemas, toda intervenção linear e simplória na teia da vida tende a produzir consequências prejudiciais, agora e no futuro.

Muito mais poderia ser dito acerca dos princípios de comportamento de um sistema, sobre as diversas armadilhas e os paradoxos que os sistemas geram, e a respeito das muitas maneiras pelas quais seres humanos neuróticos e míopes são prontamente seduzidos por eles (razão pela qual o vício pessoal e social tornou-se uma característica generalizada da vida moderna).[29] No entanto, o ensinamento essencial do paradigma de sistemas, afirma Donella Meadows, bióloga e analista de sistemas, é simples:

> O mundo é um sistema ecológico, social, psicológico e econômico complexo, interligado e finito. Nós o tratamos como se não fosse assim, como se fosse divisível, separável, simples e infinito. Nossos problemas globais, persistentes e recalcitrantes, resultam diretamente dessa divergência.[30]

Portanto, diversos de nossos dilemas mais fundamentais resultam não tanto de os seres humanos serem egoístas e gananciosos – embora essas e outras falhas morais certamente não ajudem –, mas sim como consequência de simples ignorância. Meadows prossegue:

---

29 Para exemplos, ver William Ophuls, *Requiem for Modern Politics*, Boulder: Westview, 1997, pp. 115, 131-3, 135, 171, 174, 213, 222, 224-6, 267.
30 Donella Meadows, "Whole Earth Models and Systems", *CoEvolution Quarterly*, verão de 1982, p. 101 (grifos do autor removidos).

Ninguém quer ou trabalha para gerar fome, pobreza, poluição ou eliminação de espécies. Muito poucas pessoas defendem a corrida armamentista, o terrorismo, o alcoolismo ou a inflação. No entanto, esses resultados são produzidos sistematicamente pelo sistema em geral, apesar de muitas políticas e muito esforço direcionados contra eles.[31]

Esse resultado perverso ocorre porque a maioria da população – incluindo quase todas as assim chamadas autoridades – falha em pensar de modo sistemático. Testemunho disso é a maneira pela qual normalmente dividimos intelectualmente o mundo em "disciplinas" que produzem "especialistas" – conhecedores apenas de sua especialidade limitada. A vontade de solucionar um problema específico pode estar ali, mas o entendimento de como os sistemas realmente se comportam, em contraste com a maneira pela qual gostaríamos que eles se comportassem, está ausente. Diante disso, os problemas não apenas ficam sem solução como a maioria dos esforços dedicados à sua resolução acabam sendo completamente desperdiçados. Em resumo, a ignorância em relação ao comportamento dos sistemas produz um tipo de insanidade: fazer a mesma coisa repetidas vezes, ainda que não funcione.

Um exemplo clássico é o drama dos produtores rurais numa economia de mercado. Produtores rurais têm sucesso produzindo em maior quantidade. No entanto, o efeito de uma maior produção são preços mais baixos. Isso expulsa os produtores marginais do negócio e, paradoxalmente, obriga os produtores rurais bem-sucedidos a trabalhar ainda mais duro para manter sua renda. Dessa maneira, os produtores rurais são capturados por uma armadilha clássica dos sistemas: um círculo vicioso em que eles têm de "crescer ou cair fora". Então os políticos intervêm, ansiosos para resolver o problema. No entanto, em vez de fazer a única coisa que a análise de sistemas diria que realmente preservaria a pequena propriedade rural – o ato "impensável" de limitar o tamanho

---

31 *Ibid.*

das fazendas –, fornecem subsídios, cuja consequência no mundo real é permitir que os produtores bem-sucedidos se tornem ainda maiores. Isso faz com que mais propriedades rurais familiares caiam no esquecimento, gerando uma demanda renovada por subsídios, e assim por diante, até que só restem fazendas industriais gigantescas. Portanto, nosso sistema de subsídios agrícolas garante o triunfo do agronegócio, exatamente o resultado que supostamente quisemos impedir.[32]

Como esse exemplo revela, a ignorância se combina ao lucro. Aqueles em posição de riqueza e poder possuem interesse em manter o atual modo mecânico de pensar e de fazer. Assim, não perturbarão o equilíbrio da situação propondo o "impensável". Os políticos não têm incentivos para lidar com os problemas de modo realista. Afinal, a verdade penosa acerca do comportamento dos sistemas é que as soluções dos problemas raramente são fáceis ou atraentes. Como o exemplo da agricultura mostra, a solução mais eficaz pode ser "contraintuitiva" – jargão dos sistemas para "surpreendente" ou até mesmo "chocante" –, e, assim, nenhum político mentalmente são votaria a favor dela. (Outro exemplo é manter intencionalmente alto o preço da gasolina, apesar do sofrimento a curto prazo que isso inflige, para estimular a conservação e a inovação, que são necessárias para romper a dependência do petróleo, que causou os altos preços no início.) Mesmo quando os políticos entendem a maneira pela qual o sistema em si gera o problema, são avessos a propor mudanças reais, que exigirão sacrifícios reais; é muito mais fácil e seguro praticar política simbólica. (A recusa da classe política norte-americana de confrontar a dependência do petróleo e o uso perdulário de energia é um exemplo característico lamentável.) Alguém que procura ser realista e honesto confronta o apuro platônico: poucos gostarão de saber que estão fundamentalmente enganados ou que podem ser, em última análise, responsáveis pelos males que os afligem.

---

32 Donella Meadows, "Systems Dynamics Meets the Press", *In Context*, outono de 1989, p. 18.

A menção a Platão desperta o desafio político relativo aos sistemas. Dado tudo o que foi dito até aqui acerca da natureza dos sistemas complexos e dos limites cognitivos e emocionais dos seres humanos entusiasmados, qual é a probabilidade de que a maioria das pessoas "veja a luz"? Será que elas combaterão sua ignorância em relação ao comportamento dos sistemas e adotarão com entusiasmo a visão de mundo ecológica, incluindo as ordens de humildade, moderação e ligação que derivam, sem escapatória, dessa visão de mundo?

Infelizmente, essas questões são quase retóricas. Como vimos antes, somente uma minoria parece capaz de se elevar do estágio operatório concreto para o estágio operatório formal de Piaget, caracterizado pelo uso lógico dos símbolos no pensamento abstrato. Em um sentido mais amplo, por mais que o *éthos* democrático desejasse que fosse diferente, as pessoas variam demais em capacidade. Embora muitas consigam cozinhar, poucas conseguem se dedicar à física teórica. Charles Murray destaca o óbvio: visto que, por definição, as crianças, no geral, não estão acima da média, as políticas educacional e social, que fazem de conta que elas estão, são literalmente fantasiosas e condenadas ao fracasso.[33] Dessa maneira, o desafio político eterno envolve assegurar que as inevitáveis elites sejam impedidas de explorar ou oprimir o povo (um assunto analisado em capítulos posteriores).

Esse desafio político é ainda maior hoje, quando parece que pode haver um estágio maior de desenvolvimento cognitivo. O estágio operatório de sistemas caracteriza-se pela capacidade de compreensão

---

33 Charles Murray, *Real Education*, Nova York: Three Rivers Books, 2009. Ver também a nota 15, no capítulo anterior. O argumento de que os resultados sociais seriam mais iguais se nossas instituições educacionais fossem melhores é desmentido pela experiência de sistemas excelentes em outros países. Por exemplo, a França e o Japão são muitos melhores do que os Estados Unidos na geração de graduados do Ensino Médio, que são capazes de ler e escrever, de compreender e usar números, mas as duas sociedades também são bastante "elitistas", no sentido pejorativo. A educação não é, e nunca será, um substituto para uma boa política.

da dinâmica de sistemas complexos. Essa capacidade é meramente intelectual. Como Bateson afirma – e como muitos outros estudiosos sugerem –, ela demanda um tipo de sabedoria: uma virtude nem sempre encontrada entre aqueles que controlaram operações formais. Nossos supostos melhores e mais brilhantes são, com muita frequência, expoentes unidimensionais de mente mecânica e pensamento linear.

A questão seria confrontarmos a realidade platônica bruta na forma de uma maioria de bronze presa ao nível concreto, de uma minoria de prata capaz de pensar abstratamente, mas não de modo sistemático, e de uma elite de ouro não só inteligente, mas também sábia? Ou seria possível converter prata em ouro por meio de um sistema educacional transformado, que inculcasse a nova *paideia*, incluindo uma base completa sobre o paradigma de sistemas? Qualquer que seja a resposta para a última pergunta, parece questionável que o bronze se transforme em metal precioso num futuro próximo. Portanto, somos impelidos para a conclusão platônica: "filosofia" para a minoria, uma "nobre mentira" para a maioria.

A conclusão é reforçada pelos resultados da psicologia profunda. De acordo com Jung, uma divisão tripartite da humanidade também existe psicologicamente. Uma camada inferior existe num "estado de inconsciência, pouco diferente daquele dos primitivos"; uma camada média possui "um nível de consciência que corresponde aos primórdios da cultura humana"; e uma camada superior dispõe de uma consciência que "reflete a vida dos últimos séculos" (e, portanto, é "moderna", no sentido positivo da palavra).[34] Recordemos também a conclusão de Jung no capítulo anterior: a maioria, ainda basicamente

---

34 Carl G. Jung, "The Spiritual Problem of Modern Man", apud Volodymyr W. Odajnyk, *Jung and Politics*, Nova York: Harper & Row, 1976, pp. 113-4. Jung não expressou qualquer correlação entre esses níveis psicológicos e a posição socioeconômica, o desempenho educacional ou a complexidade cognitiva; no entanto, algum grau de sobreposição parece provável.

"no estágio da infância... precisa de autoridade, orientação, lei", e também da "muleta" de uma identidade coletiva animada por um mito norteador – em outras palavras, uma nobre mentira.

Antes de enfocar a surpreendente justaposição de nobreza e mentira feita por Platão, e seu possível significado para nossos tempos, devo primeiro discutir minha abordagem de A República. Qualquer afirmação acerca da assim chamada origem da filosofia ocidental será inevitavelmente polêmica, porque A República possui diversos níveis de significado, e também apresenta enormes obstáculos ao entendimento. Nada do que eu disser aqui eliminará a controvérsia. No entanto, meu objetivo não é impor a correção de minha interpretação – uma defesa completa exigiria outro livro –, mas sim utilizar Platão como veículo para expor nosso atual drama epistemológico, ético e político.

A questão relativa à tradução do grego antigo para o inglês moderno é apenas o primeiro dos muitos problemas desencorajadores na abordagem de A República. Um obstáculo mais sério é a dificuldade, se não a impossibilidade, de nos projetarmos em uma mentalidade cultural e em um cenário histórico muito diferentes do nosso. Podemos mencionar duas diferenças importantes: a Grécia Antiga ainda era basicamente uma cultura oral, realizando uma transição turbulenta para a escrita, enquanto ainda somos predominantemente uma cultura letrada movendo-se rapidamente na direção da visualidade; e somos hiper-racionais, ao passo que os gregos antigos, apesar de toda sua intoxicação recente com a razão, eram ainda quase xamanistas. Além disso, Platão é basicamente um místico procurando a iluminação, e não um filósofo mundano perseguindo o conhecimento secular. Outro de seus diálogos revela que Platão tem mais em comum com Sidarta Gautama do que com Karl Marx; assim, ele deve ser lido de forma correspondente.[35] Em resumo, é enorme a distância cultural e intelectual entre A República de Platão e nós.

---

35 Platão, *Phaedo*, Teddington: Echo Library, 2006, pp. 35-6, 65.

Talvez o maior obstáculo para o entendimento de *A República* seja a natureza intrínseca à forma de diálogo. Um diálogo platônico não é uma discussão objetiva do tipo a que estamos acostumados, mas um drama filosófico, que exige um leitor atento e perspicaz, capaz de acompanhar as reviravoltas da conversa para compreender seu significado básico, que pode ser implícito, em vez de explícito. Para piorar as coisas, o Sócrates de Platão, protagonista do drama, é não apenas um ironista supremo – não se pode acreditar piamente em nada do que ele diz –, mas também um brincalhão, que se deleita em puxar o tapete filosófico de seus interlocutores, construindo proposição após proposição só para demoli-las mais adiante.

Em outras palavras, *A República* não é um programa político.[36] É completamente equivocada a tendência moderna de interpretar essa obra de forma anacrônica e ideológica – como se fosse o *Manifesto comunista* ou um panfleto utópico defendendo a reprodução seletiva, a pobreza imposta e a ditadura de um rei-filósofo. A elaboração do Estado ideal por Sócrates não deve ser tomada pelo que aparenta. Uma leitura cuidadosa revela que Sócrates cria a cidade da justiça perfeita como um *experimento mental*, para demonstrar a impossibilidade de construir um regime verdadeiramente justo ou de proteger essa quimera da rápida decadência, caso fosse concretizada.

O grande diálogo de Platão é uma obra de filosofia, e não de ideologia. Aqueles que enxergam nela uma justificativa para a tirania entenderam mal Platão.[37] O objetivo de Sócrates é ensinar a moderação

---

36 Na medida em que se pode dizer que Platão tinha um programa político no sentido moderno, *Leis* torna-se um melhor candidato do que *A República*. Mas mesmo dizer isso é, provavelmente, um erro. A filosofia antiga, que é quase sempre uma busca pela verdade, é basicamente hostil à ideologia moderna, que é quase sempre uma asserção da verdade.

37 Nem eu sou um defensor da tirania, de um regime opressivo como a quimérica "Eco-República", criticada em Val Plumwood, *Environmental Culture*, Nova York: Routledge, 2002, pp. 62-74. Como os dois próximos capítulos mostram, meu objetivo é estabelecer uma nova ordem moral, legal e política, e não uma

política e a imparcialidade filosófica para seus jovens interlocutores, isto é, inclinar suas mentes para a sabedoria e a virtude, e não para a ambição da riqueza, da honra e do poder. Longe de ser uma utopia, exceto no sentido de prover um ponto de vista pelo qual julgar regimes inferiores, *A República* é, como Allan Bloom afirma, "a maior crítica ao idealismo político já escrita [...] servindo para moderar a paixão extrema pela justiça política, expondo os limites do que pode ser demandado e esperado da cidade".[38]

Falando de modo mais geral acerca da abordagem pré-moderna da política, da qual o Sócrates de Platão é o modelo ilustre, os pensadores da antiguidade consideraram a busca da perfeição nas esferas política, social e humana como simplesmente insensata – como húbris –, pois a humanidade, assim como não é capaz de eliminar secas e furacões, não consegue alcançar a justiça universal e a paz perpétua. O "animal político" é um ser mortal, e não um deus, sendo, portanto, imperfeito por definição. Isso não significa que os pensadores pré-modernos careciam de ideais. Em geral, eles tinham grandes aspirações para a humanidade – na realidade, muito maiores do que as nossas –, mas, geralmente, evitavam o idealismo. Isto é, privavam-se de exteriorizar o impulso para a perfeição numa ideologia política e, em vez disso, o interiorizavam, visando principalmente a autoperfeição num mundo limitado e imperfeito.

Depois desse preâmbulo, podemos voltar à nobre mentira, ou à "nobre ficção", como se traduz às vezes. O argumento de Platão parte da premissa de que estamos numa espécie de buraco negro epistemológico, do qual é quase impossível escapar (uma premissa que foi confirmada pela ciência moderna). Com nossa consciência normal, desperta, percebemos apenas as sombras lançadas sobre a tela da

---

ditatura permanente daqueles com conhecimento ecológico e entendimento filosófico superiores.

38 Allan Bloom, "Interpretive Essay", em Platão, *The Republic of Plato*, Nova York: Basic Books, 1968, p. 410.

mente por meio dos sentidos. Como as sombras por si mesmas não fazem sentido, devemos lhes dar ordem e significado, inventando histórias acerca delas – o que Jeans denominou "parábolas", e Sócrates, com mais franqueza, chamou de "ficções" ou "mentiras".

Algumas dessas histórias são melhores que outras. Chegam mais perto do que Platão denominou "opinião verdadeira", significando que oferecem um relato razoavelmente exato de uma região específica de sombras. Esse é o objetivo e a função da ciência: fornecer histórias acerca de fenômenos físicos que sejam tão exatas quanto úteis. Porém, como já vimos, mesmo a pesquisa científica não é puramente objetiva. Não são os fatos que evidenciam a verdade, mas as metáforas, os paradigmas e as teorias que decidem os fatos. Assim, mesmo os relatos científicos ainda são apenas parábolas, e não a verdade absoluta.[39]

Como a opinião verdadeira não é um objetivo razoável ou alcançável na maioria das áreas da vida, nossos valores e propósitos – e não algum cânone elusivo da "verdade" – determinam como ordenamos as sombras. No fundo, a escolha é moral e estética, pois a história que contamos envolverá um estilo de vida que é mais ou menos belo, harmonioso e justo. Em *A República*, o cerne do ensinamento de Sócrates é que não importa o que falemos acerca das sombras, será uma mentira. Assim, apenas podemos escolher entre mentiras. Como nossas vidas serão belas ou feias de acordo com a mentira que escolhermos, precisamos escolher uma mentira nobre, que nos eleve e nos estimule a buscar a sabedoria, a virtude e a justiça, em vez da autoexaltação ou do ganho material.

De fato, a vida numa caverna de sombras nos condena a ser poetas em grande escala: poetas da vida, cuja tela é a comunidade humana.

---

39 O teste da verdade científica é sempre pragmático; isso nos permite, com segurança, predizer e alcançar certos resultados? A ciência não é uma grande marcha rumo a um quadro final e completamente objetivo da realidade. Ver Thomas S. Kuhn, *The Structure of Scientific Revolutions*, Chicago: Phoenix, 1970, pp. 160-73.

Em *A República*, a célebre rixa de Sócrates com os poetas é, em geral, mal compreendida, interpretada como a expressão da aversão de Platão pela poesia em si. De fato, sua condenação é dirigida contra a cultura bárdica – isto é, os temas e as metáforas específicos empregados por Homero e outros poetas conhecidos –, pois Platão entendia o quão poderosamente ela moldava as mentes de seus compatriotas em costumes perversos. Embora não fosse uma afirmação de Platão, o aforismo de Shelley – "os poetas são os legisladores não reconhecidos do mundo" – parece expressar com exatidão os sentimentos de Platão.[40] Da metáfora do piloto, no início de seu diálogo, passando pela imagem da caverna, no meio, até o mito de Er, no fim, Platão é um poeta comprometido, como qualquer outro poeta, com a busca de metáforas originais, que tragam nova luz para a caverna – e, assim, a possibilidade de uma vida melhor e mais consciente, tanto para os indivíduos como para a pólis. Portanto, a política platônica é um tipo especial de poesia.

A imagem poderosa da nobre mentira aborda um profundo enigma político. Para dar ao enigma sua forma platônica, a filosofia é politicamente perigosa, pois pode nos levar a duvidar da opinião comum – isto é, da validade das crenças religiosas e sociais ou, até, das leis de nossa comunidade. Se praticada pela pessoa comum, a filosofia causará, portanto, a erosão dos mitos e do *éthos* sobre os quais o sistema de governo repousa. (Como o destino do próprio Sócrates mostra, a comunidade tende a considerar a filosofia uma atividade criminosa, por questionar normas e convenções dominantes.) E a filosofia é como a gravidez: um assunto do tipo tudo ou nada. Não podemos combinar um pouco de conhecimento filosófico com muita opinião popular, pois simplesmente obteremos o pior de ambos os mundos: nem sabedoria, nem estabilidade.

---

40   Percy Bysshe Shelley, *A Defense of Poetry* (1821).

A pessoa comum jamais será um filósofo nato, apto a viver de forma autônoma, autêntica e virtuosa num mundo sem mito. O "homem de 2 milhões de anos" não é capaz de se satisfazer com um relato meramente científico da realidade. Ele precisa de poesia, boa ou má, pois a poesia dá significado, enquanto a ciência só dá conhecimento. Assim, Sócrates muda de postura no meio do diálogo. Ele abandona o projeto ambicioso de construir o regime justo por meio da razão e, em vez disso, contenta-se com o objetivo muito mais modesto de substituir as mentiras populares, tolas e imperfeitas, por mentiras mais nobres – isto é, crenças políticas, que tendem a fomentar mais a paz, a virtude, a obediência e um tipo bruto de justiça do que as ficções sociais herdadas. A conclusão de *A República* é uma história que, Sócrates afirma, "possa nos salvar, se formos persuadidos por ela". O mito de Er resume de forma dramática a lição do trabalho como um todo: o propósito da vida, e, portanto, a vocação da política, é a criação da alma.[41]

Portanto, *A República* termina com uma nota de ironia. A suposta "mentira" de Sócrates é o que ele "sabe" ser "verdadeiro" (mediante a gnose, a apercepção direta da realidade fora da caverna). Que essa verdade não possa ser verificada cientificamente é irrelevante, pois, na medida em que estimula homens e mulheres a escolher um estilo de vida mais nobre – uma vida marcada por beleza, graça, harmonia, proporção e outras virtudes –, é moralmente "verdadeira".

Independentemente do que possamos pensar a respeito do argumento de Platão, o enigma em si é inevitável e assombrou o pensamento ocidental desde então. Por exemplo, está no cerne da obra de Jean-Jacques Rousseau, articulado de forma clara, mas paradoxal, em sua célebre asserção de que o homem deve ser "forçado a ser livre" por meio de uma rigorosa educação política e de uma obediência voluntária à religião cívica. Também é encontrado na estória do Grande Inquisidor, em *Os irmãos Karamazov*, de Dostoiévski.

---

41   Platão, *The Republic of Plato*, Nova York: Basic Books, 1968, p. 303.

O Inquisidor repreende Cristo por ter errado ao dar liberdade espiritual às pessoas, quando o que elas realmente precisavam era de "milagre, mistério e autoridade".

De fato, reproduzimos o experimento mental de Platão na vida real durante os últimos três séculos. Os mitos que anteriormente sustentavam a civilização ocidental foram quase inteiramente dissolvidos no ácido da racionalidade instrumental, corroendo, assim, a base moral do sistema de governo. Usando a linguagem socrática: a mentira que está por trás da vida moderna provou ser ignóbil; é uma mentira real, em vez de uma ficção social útil e necessária. Alega que os seres humanos são capazes de entender e controlar de forma racional a natureza orgânica e humana, e de utilizar os meios poderosos proporcionados pela racionalidade para os fins predominantemente benignos ou até utópicos.

No entanto, a história desmentiu essa alegação. O impulso para dominar a natureza gerou um círculo vicioso de autodestruição ecológica; um excesso de racionalidade desatrelou inúmeras forças irracionais que são o lado sombrio dessa mesma racionalidade; a busca de gratificação material semeou dependência e frustração; e a luta para controlar a complexidade econômica e a desmoralização social fomentou uma concentração sempre crescente de poder político e administrativo. Portanto, o "progresso" provou ser um mito no sentido pejorativo da palavra.

O desafio político de nosso tempo é quase exatamente aquele discutido por Sócrates em *A República*. A tentativa de viver "cientificamente" – isto é, recorrer à razão sem nenhuma ligação com o mito – fracassou. O animal político não pode existir sem algum tipo de história que dê significado e coerência à vida, e que propicie a base intelectual e moral para a comunidade política. Isso seria verdadeiro mesmo se pudéssemos elevar toda a raça humana a um nível sem precedentes de maturidade intelectual, psicológica e ética. Não temos alternativa senão ir em busca de uma mentira mais nobre, sobre a qual reconstituir o sistema de governo.

De imediato, encontramos o paradoxo de que o mito, por sua própria natureza, não pode ser criado racionalmente. Necessariamente, efervesce de baixo para cima, das profundezas do inconsciente humano. Assim, deve emergir organicamente. A tarefa não envolve inventar um mito e, em seguida, impô-lo sobre as massas – uma impossibilidade –, mas terminar a tirania da "razão supervalorizada", restaurando a respeitabilidade intelectual do pensamento mitopoético.

Não utilizo a palavra *tirania* levianamente. Quando há o domínio de uma racionalidade puramente instrumental – razão desamparada de arte, mito e seus semelhantes –, o resultado deve ser uma sociedade radicalmente desigual. Como apenas uma minoria é capaz de operatórios formais, e muito menos pessoas de operatórios de sistemas, cerca de dois terços da população fica automaticamente excluída da corrida meritocrática por riqueza e *status*. Assim, em grande medida, o igualitarismo da civilização moderna é uma impostura. Exceto no plano jurídico, e também aí, às vezes, o jogo é manipulado contra o homem ou a mulher comum. No entanto, se a razão instrumental fosse complementada pelas razões do coração, em geral, e pela consciência mitopoética, em particular, a cultura seria mais equilibrada psíquica, social e economicamente. Quando se trata do âmbito mítico, estamos todos numa base relativamente igual. Junto com os operatórios concretos, o mito é o que a psique humana comum foi construída para entender. Em resumo, embora não possamos sobreviver sem uma elite cognitiva, a restauração do mito favoreceria condições culturais equitativas para os menos qualificados academicamente.

Uma discussão detalhada das reformas educacionais necessárias para alcançar esse fim, ou para instituir a *paideia* em geral, está além de meu escopo. No entanto, a obra *Estruturas da mente*, de Howard Gardner, é um bom ponto de partida. Temos múltiplas "inteligências" – verbal, lógica, musical, espacial, corporal, pessoal – e devemos nos educar para todas elas, e não apenas pela razão limitadamente definida. Gardner sugere diversas maneiras de tirar a educação de sua rotina acadêmica; por exemplo, revivendo aprendizagens, reinstituindo iniciações, e talvez até restaurando os treinamentos de sobrevivência dos antepassados norte-americanos. De novo, o coração de Pascal é um órgão de apercepção, que reage à totalidade da vida e que deve ser treinado em todos os seus aspectos para não atrofiar.[42]

Se não conseguimos inventar um novo mito com nossa mente racional, isso não significa que devemos simplesmente deixar a natureza seguir seu curso e não fazer nada para estimular ou moldar seu aparecimento. Se fizermos isso, o poema "The Second Coming" ["O segundo advento"], de William Butler Yeats, pode se provar profético. Se o nascimento de um novo mito for repelido, em vez de ajudado, então a consequência provável da "mera anarquia" atual será uma "besta brutal" – isto é, uma irrupção violenta de forças inconscientes, produzindo um mito irracional e messiânico que oprime, em vez de libertar. Somos convocados a ser os parteiros de um mito benigno, que expresse e apoie a nova *paideia*.

Até aqui, a discussão foi uma tentativa sistemática de mostrar que uma nova moralidade e um novo mito são necessários e naturais. Contrariamente às afirmações do racionalista secular, os princípios morais universais são discerníveis pela razão, ainda que não possam ser provados pela lógica. A humildade, a moderação e a ligação são impostos sobre nós pela própria natureza do universo que habitamos.

Na realidade, esses e outros princípios morais ou espirituais são do conhecimento geral e compartilhados por quase todas as culturas, ainda que nem sempre sejam observados. Por exemplo, apesar de estar enraizada no hinduísmo e na cultura indiana, a visão política de Gandhi era socrática, em essência. Seus cinco grandes princípios – *swaraj*, *satya*, *ahimsa*, *satyagraha* e *sarvodaya* – foram ensinados e

---

[42] Howard Gardner, *Frames of Mind*, Nova York: Basic Books, 1993.

exemplificados por Sócrates mais de dois milênios antes. Como Gandhi, Sócrates preconizava o autoconhecimento e o autocontrole, estava numa busca constante pela verdade, preferia sofrer o mal do que praticá-lo, mantinha-se fiel à sua verdade, ainda que isso lhe custasse a existência, e levou uma vida de simplicidade e dedicação aos outros. Em outras palavras, a visão de *paideia* esboçada acima não é excepcional nem limitada. Ao contrário, dá a impressão de responder aos sentimentos morais mais profundos da humanidade, sempre e onde quer que se encontre.

Com respeito ao mito, acumulamos diversos elementos de pensamento, ao longo desta argumentação, que podem servir como mitologemas, isto é, como temas ao redor dos quais um novo mito pode se cristalizar. Por exemplo, a ecologia, como ciência e metáfora principais, leva naturalmente a uma aceitação de Gaia como símbolo mitológico da verdade científica. Ou, por sua vez, a universalidade e a centralidade da consciência no processo vital voltam a encantar o mundo de modo efetivo, restaurando a relação eu-tu, afirmada pelos mitos antigos, entre o homem e a natureza. Ou, ainda, a individuação como caminho da evolução pessoal e social rumo a uma consciência mais profunda e a uma integridade mais equilibrada reafirma o mitologema universal da "jornada do herói".

O que é digno de nota, acerca dos elementos discutidos acima – e de todos os demais –, é que não são fantásticos. Ao menos nos dois primeiros casos, eles caem diretamente na categoria de "opinião verdadeira", isto é, de conhecimento demonstrável (na forma de "parábolas", sem dúvida), com respeito às sombras na parede da caverna. Tampouco são elementos tribais, como os mitos da antiguidade, que, com muita frequência, exaltavam uma tradição ou religião em detrimento de todas as outras. Assim, não somos forçados a acreditar em absurdos, a fim de possuirmos um mito vivo. A história de Gaia pode parecer espectral para o racionalista extremo, mas não é um conto de fadas, e transmite uma verdade essencial que esquecemos e devemos agora reaprender.

Em conclusão, temos todos os ingredientes de uma história poderosa, bela e autêntica de quem nós, humanos, somos, e do que devemos fazer com as nossas vidas – uma história que promoveria a sanidade cognitiva e intelectual, religando-nos à unidade estética do cosmos. Aí reside a tarefa significativa de converter essa visão da nova *paideia* numa política exequível e humana: como devemos constituir uma política da consciência baseada na ecologia?

POLITEIA

> *[Um indivíduo] pode desejar desfrutar dos direitos de cidadão sem querer cumprir os deveres de súdito; uma injustiça cuja difusão provocaria a ruína do organismo político. Portanto, para o pacto social não ser uma fórmula ineficaz [...] quem se recusar a obedecer à vontade geral deverá ser forçado a fazer isso por todo o organismo, o que significa somente isso: ele será forçado a ser livre [...] Visto que o mero impulso do apetite constitui escravidão, a obediência à lei que alguém prescreve para si é liberdade.*
>
> Jean-Jacques Rousseau[1]

A *politeia* envolve os meios para realizar os fins da *therapeia* e da *paideia*. A sabedoria e a virtude não surgem espontaneamente nos seres humanos, sobretudo naqueles que pertencem a civilizações complexas. Assim, a moralidade deve ser institucionalizada e inculcada por um sistema de governo dedicado a fomentar e sustentar normas e costumes da sociedade. O papel do sistema de governo é governar: dirigir os assuntos de maneira que os cidadãos sejam estimulados a seguir um código moral ou que sejam refreados, rapidamente, quando fracassam em segui-lo. (Todo o resto do que denominamos política é politicagem, policiamento e administração.) Desde que o código reflita um ideal elevado,

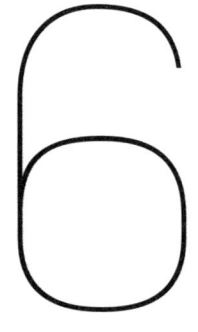

---

1 Jean-Jacques Rousseau, *On the Social Contract*, Nova York: St. Martin's, 1978, I, VII e VIII.

como, por exemplo, excelência ou sabedoria, o resultado será uma regra de vida relativamente sã e humana.

Vivemos numa conjuntura histórica que desafiará os governos como nunca antes. A sociedade liberal deve sua existência à bolha de afluência ecológica alimentada pela "descoberta" do Novo Mundo e pela exploração da energia solar armazenada nos combustíveis fósseis.[2] Portanto, aqueles que cresceram em sociedades afluentes desfrutaram de oportunidades e liberdades sem precedentes, e também de níveis de conforto e abundância quase inimagináveis para os nossos antepassados. Contudo, o iminente retorno da escassez ecológica significa que as expectativas e aspirações de bilhões de pessoas não podem ser satisfeitas, e que as vontades individuais ficarão cada vez mais subordinadas às necessidades coletivas. Atualmente, os governos encaram a tarefa hercúlea de executar uma monumental transição econômica, social e política da era industrial para a era da ecologia. A questão é se isso pode ser alcançado sem afundarmos na tirania totalitária ou no despotismo religioso.

Fugir desse destino exigirá o rompimento decisivo com a nossa resposta habitual aos problemas sociais: aprovar leis que dão aos governos sempre mais poder administrativo. A natureza incomum do desafio nos expõe ao dilema eterno e inevitável da política numa forma especialmente grave. Como lorde Acton observou, uma vez que o poder inevitavelmente corrompe, ninguém pode ser incumbido dele: "o perigo não é que uma classe específica seja incapaz de governar. Todas as classes são incapazes de governar".[3]

A máxima de que "o melhor governo é aquele que governa menos" segue como algo natural, conforme John Stuart Mill afirma na conclusão de *On Liberty*:

---

2   William Ophuls, *Ecology and the Politics of Scarcity*, São Francisco: Freeman, 1977.
3   Carta para Mary Gladstone, 24 abr. 1881, em John Dalberg-Acton, *Letters of Lord Acton to Mary Gladstone*, Nova York: Macmillan, 1905, p. 196.

> Nunca é demasiado o tipo de atividade governamental que não impede, antes ajuda e estimula o esforço e o desenvolvimento dos indivíduos. O mal começa quando, em vez de estimular as atividades e as energias dos indivíduos e dos grupos, o governa substitui a atividade deles pela sua própria.[4]

Assim, a função apropriada do governo é facilitar, e não dominar; fazer as regras, e não disputar o jogo. Por sua natureza, o governo grande – quem quer que exerça o poder e quaisquer que sejam suas intenções – tende a ser menos ágil e eficiente do que o pequeno. Além disso, quaisquer problemas que surjam tornam-se rapidamente a razão de ser de extensões adicionais de poder administrativo. Contudo, quanto mais o governo se intromete na vida dos cidadãos, mais incômodo e oneroso se torna. O mais importante é que, como o poder corrompe, também tenderá inevitavelmente a se tornar dominador.

Como os homens e as mulheres apresentam um excesso de paixão e um déficit de razão, um grau substancial de governança é indispensável para a vida civilizada. Sozinha, ela pode coagir a primeira e suprir a segunda. Dessa maneira, o governo é um mal necessário, e quanto mais se desvia do que é verdadeiramente indispensável, maior o mal. Portanto, nosso objetivo deve ser construir um regime político que seja suficiente para o fim desejado, sem exceder o que é estritamente necessário.

A instituição de um mal necessário não é para os fracos, mas nos esquivamos da tarefa por nossa conta e risco. Pascal comparava a filosofia política à "formulação de regras para um manicômio".[5] A metáfora é apropriada. Na melhor das hipóteses, mesmo em sistemas de governo comparativamente bem regulados, a vida política

---

4   J. S. Mill, *On Liberty and Other Writings*, Cambridge: Cambridge University Press, 1989, pp. 114-5.
5   Blaise Pascal, *Pensées*, Indianapolis: Hackett, 2005, p. 144.

é uma espécie de casa de loucos caracterizada por ilusão compartilhada, egoísmo frio e calculista e um agressivo desejo de poder. Na pior, torna-se uma guerra civil muito pouco sublimada, a um passo do estado da natureza hobbesiano. Não obstante a afirmação de Pope em contrário, as boas regras são realmente necessárias para a boa política, para que não viremos um campo de concentração bem administrado. Dependendo das regras e das maneiras pelas quais as regras são administradas, o hospício será mais ou menos pacífico, mais ou menos benigno, e mais ou menos propício à sanidade e ao bem-estar individual.

A política não é um mal absoluto sempre e em todos os lugares. Como Aristóteles e outros assinalam, a participação na política pode aprimorar o autoaperfeiçoamento dos indivíduos. O que se esquece com muita frequência, porém, é que somente sociedades pequenas, simples e interativas permitem a participação genuína. No cenário errado – uma sociedade grande, complexa ou dividida –, a política participativa tende a se tornar o que Platão disse que era: uma multidão ignorante e apaixonada lutando pelo timão do navio do Estado, com consequências potencialmente desastrosas. Portanto, a tarefa essencial é fomentar um cenário social e econômico favorável a uma política que seja sã, humana, participativa e ecológica.

Nada do que afirmo aqui deve ser interpretado como aprovação de uma reconstrução ditatorial de nossa civilização. Não precisamos de um Lenin nem de um Ataturk. Necessitamos de uma nova *ordem* moral, legal e política, que não pode ser imposta de cima para baixo, mas que deve se infiltrar para cima, como consequência de uma reforma intelectual e moral. O objetivo dessa reforma deve ser a criação de um tipo de sociedade desejado por Burke e Taine: uma sociedade autorreguladora, em que os indivíduos se prendam a grilhões morais e, com isso, tornem-se seus próprios condestáveis.

Retornemos ao tema da nobre mentira. O ideal que inspira a máquina do governo, e não a máquina em si, constitui um sistema governamental. As instituições não criam um *éthos*: na era pós-colonial, as tentativas inúteis de inserir os ornamentos da democracia representativa em sociedades tradicionais, para as quais a democracia e a liberdade são ideais exóticos, testificam isso. O inverso é realmente verdadeiro: as sociedades que possuem um *éthos* estabelecerão naturalmente instituições que refletem isso.

A política não é uma questão de eleições, cargos públicos ou leis. É uma questão de definição de realidade: que epistemologia, ontologia e ética devem constituir a nossa regra de vida? É uma questão de dominar a metáfora que molda a maneira de pensar e o caráter das instituições em níveis inferiores. No cerne de qualquer batalha política – da direção geral da sociedade até questões políticas específicas –, há uma luta para fazer uma ideia específica prevalecer: a mão invisível ou luta de classes, direito à vida ou liberdade de escolha?[6]

Em consequência, afirmou David Hume, é sempre a opinião que governa:

> Para aqueles que ponderam os assuntos humanos com uma visão filosófica, NADA parece mais surpreendente do que a facilidade pela qual a maioria é governada por uma minoria [...] Quando perguntarmos por quais meios esse prodígio é realizado, descobriremos que, como a FORÇA está sempre do lado dos governados, os governadores não têm nada além da opinião para apoiá-los. Portanto, é apenas sobre a opinião que o governo se apoia; essa máxima se estende aos governos mais despóticos e mais militares, e também aos mais livres e mais populares.[7]

---

6   Como observado anteriormente, mesmo a direção da pesquisa científica é determinada pelo resultado de um conflito político entre metáforas ou paradigmas rivais. Ver Thomas S. Kuhn, *The Structure of Scientific Revolutions*, Chicago: Phoenix, 1970.
7   "Of the First Principles of Government", em David Hume, *Selected Essays*, Nova York: Oxford University Press, 2008, p. 24 (letras maiúsculas no original).

J. M. A. Servan, jurista francês, abordou a mesma questão, porém de modo mais cínico:

> Um déspota estúpido pode coagir seus escravos com correntes de ferro, mas um político de verdade prende-os com ainda mais força por meio da corrente de suas ideias... Esse elo é tão mais forte na medida em que não sabemos do que é feito.[8]

Em *A República*, Platão descreveu esse antigo problema, que, nos tempos modernos, foi muito estudado por sociólogos do conhecimento: a mente humana produz opiniões que podem ter apenas uma semelhança fortuita com a realidade. Na arena política, o problema se manifesta como a "falsa consciência" de Karl Marx. Por um lado, uma maioria é não qualificada em pensamento, mas é ávida por significado; por outro, uma minoria é versada em manipulação mental e é ávida por poder. Em geral, a segunda tem sucesso em impor suas ideias sobre a primeira – "que sorte, para os governantes, que os homens não pensem", afirmou Adolf Hitler[9] –, e essas ideias, respaldadas, se necessário, pela gendarmaria e pela polícia secreta, constituem o esteio de qualquer regime.

Portanto, em grande medida, os dramas políticos que ocupam nossos jornais e telas de tevê são irrelevantes. Já que a metáfora básica permanece a mesma, trata-se de deixar as coisas como estão, independentemente de quem ganha as eleições ou de quais políticas são adotadas. No entanto, se uma metáfora substituir outra, a "realidade" muda de forma correspondente. De acordo com Archibald MacLeish, "um mundo termina depois que sua metáfora morreu".[10]

---

8   "Discours sur l'Administration de la Justice Criminelle" (1767), *apud* Michel Foucault, *Discipline and Punish*, Nova York: Pantheon, 1977, pp. 102-3.
9   *Apud* Joachim C. Fest, *The Face of the Third Reich*, Nova York: Pantheon, 1970, p. 70.
10 De "Hypocrite Auteur", em Archibald MacLeish, *Collected Poems 1917–1982*, Boston: Houghton Mifflin, 1985.

Quando o consentimento dos governados suplantou o direito divino dos reis como metáfora principal, a consequência foi uma ordem política radicalmente nova e diferente.

A compreensão usual de falsa consciência, sobretudo entre os marxistas, é de que a falsidade se deve à manipulação política cínica, em combinação com deliberada confusão intelectual – o que, astuciosamente, leva as massas a ficarem aprisionadas num conjunto de crenças que atende aos interesses da classe dominante. Portanto, a solução habitual proposta pelos pensadores modernos é científica. A ciência – quer as leis do materialismo dialético que regem o desenvolvimento da história humana, os melhores meios de promover o crescimento econômico, ou a maneira correta de alimentar os bebês – proporcionará respostas objetivamente verdadeiras para todas as perguntas e, com isso, nos libertará da falsa consciência de uma vez por todas.

No entanto, não existe algo como consciência objetivamente verdadeira. De fato, a ciência pode nos propiciar opinião verdadeira a respeito de certos aspectos da natureza humana e do mundo natural, de modo que possamos escolher uma regra de vida que não desconsidere a realidade. Todavia, no fundo, não consegue nos dizer o que a realidade é, e não é capaz de escolher a regra para nós. Tudo depende da metáfora principal que utilizamos para construir a realidade. A imagem da máquina leva a um tipo de sociedade – individualista, cobiçosa, exploradora –, enquanto a imagem de Gaia aponta para uma direção muito diferente. De novo, deparamo-nos com o enorme alcance da metáfora. Ela pode nos libertar ou nos encerrar numa prisão mental – qualquer uma, de nossa própria criação ou imposta sobre nós por outros.

A luta política essencial de nosso tempo não é aprovar leis que reduzam a poluição ou conservem a energia, de modo que a máquina possa continuar funcionando até se autodestruir, levando a humanidade junto. Em vez disso, é lutar para tornar a ecologia a ciência principal, e Gaia, a metáfora dominante, abandonando uma ignóbil mentira e adotando uma ficção nova e mais nobre, que oferece os meios para a sobrevivência a longo prazo e a perspectiva de um avanço adicional da civilização.

A análise de sistemas sustenta a conclusão de que uma nova ficção é a chave para a mudança política. Como Donella Meadows destacou, o ponto de alavancagem mais eficaz para mudar o comportamento de um sistema é o seu parâmetro ou paradigma fundamental, pois isso determina seus objetivos, estrutura e regras.[11] Infelizmente, é também onde a resistência à mudança é mais violenta. A estratégia de mudança requerida, afirma Meadows, é expor as anomalias, as contradições e as falhas do antigo paradigma, e, ao mesmo tempo, oferecer um novo e melhor.[12]

A essência da *politeia* resultante dessa nova ficção já foi mencionada. É uma política da consciência baseada na ecologia e dedicada ao refinamento interior, em vez de à conquista exterior. Mas qual é a implicação disso?

Os sábios, profetas, poetas e filósofos que se opuseram à natureza da civilização, exortando homens e mulheres a buscar a sabedoria e a virtude, em vez de riqueza e poder, concordaram em geral com os meios necessários para esse fim. Todos imaginaram um estilo de vida que é material e institucionalmente simples, mas cultural e espiritualmente rico – portanto, em um amplo sentido, mais livre, igualitário e fraternal do que a vida em sociedades complexas, devotadas à acumulação e expansão contínuas.

O argumento a favor da simplicidade material e institucional assume diversas formas. O argumento negativo é que, quando as sociedades ficam maiores e mais complexas, a autorregulação entra em colapso, gerando problemas crônicos e espinhosos. Os políticos

---

[11] Donella Meadows, *Thinking in Systems*, White River Junction: Chelsea Green, 2008, pp. 145-65.
[12] Ibid., p. 164. Ver também Thomas S. Kuhn, *The Structure of Scientific Revolutions*, Chicago: Phoenix, 1970.

respondem com leis e regras que pretendem ser soluções. No entanto, depois que a sociedade alcançou certo nível de complexidade, as soluções não são óbvias ou são muito penosas para serem implementadas ou até consideradas. Os líderes recorrem a "reformas" simplistas, meramente paliativas, que falham em solucionar os antigos problemas e criam novos, que então exigem medidas mais duras. Em consequência, os governos primeiro tornam-se poderosos, depois, intrometidos e, finalmente, autoritários ou até tirânicos, e as próprias pessoas são corrompidas e tornadas dependentes. Sob essas condições, a liberdade declina, a igualdade diminui e a fraternidade desvanece, frequentemente de forma drástica. A solução é que homens e mulheres vivam em sociedades relativamente pequenas e simples, que os estimulem a ser honrados e independentes, que os preservem da opressão, que os mantenham em relativo pé de igualdade com seus concidadãos e que os deixem participar significativamente da vida cívica.

O argumento positivo é de que homens e mulheres deveriam viver junto à terra e próximos uns dos outros, em pequenas comunidades relativamente simples e estáveis, pois isso é o que requerem as necessidades arquetípicas do "homem de 2 milhões de anos". Uma existência mais simples e mais natural tenderia a maximizar as chances de um indivíduo desfrutar uma vida virtuosa, definida como aquela em que são marcantes a natureza, a beleza, a família, a amizade, o lazer, a educação e, para aqueles com inclinação para isso, a filosofia no sentido platônico, de autoaperfeiçoamento pessoal e espiritual. Essas coisas, e não os bens materiais, trazem a felicidade verdadeira.

Conclui-se que o objetivo da vida econômica deve ser a suficiência que apoia essa felicidade – não a grande riqueza, que é sua inimiga. A suficiência é também importante por razões políticas. Além de evitar o desenvolvimento da tirania, uma economia simples é relativamente transparente; assim, os indivíduos conseguem enxergar seus próprios interesses e, também, o interesse comum, e agir motivados por eles. Além disso, a suficiência, combinada com a ampla oportunidade para o autoaperfeiçoamento, reconcilia a tensão entre igualdade e excelência. Se cada ser humano atingir sua excelência única, e for reconhecido pelos outros por ter conseguido isso, então os melhores podem, em princípio, governar, sem criar dependência ou ressentimento entre os governados.

Essa breve visão geral toca em questões importantes, que são enfocadas mais detalhadamente na sequência. No entanto, antes de analisá-las devemos primeiro responder à objeção de que uma prescrição do tipo "o negócio é ser pequeno", para a salvação política, é completamente utópica e, portanto, não digna de ser levada a sério. De fato, aquilo que sempre foi recomendável filosoficamente está a ponto de se tornar praticamente obrigatório. Em breve, as múltiplas pressões referentes à escassez ecológica nos obrigarão a viver em comunidades menores e mais simples, que são mais próximas da terra do que das megacidades da civilização industrial. Nas próximas décadas, bem antes de termos esgotado completamente os estoques de combustíveis fósseis e minérios dos quais a ordem industrial atual depende, a matéria e a energia irão se tornar cada vez mais escassas e onerosas. Se implementada corretamente e em tempo hábil, a tecnologia pode moldar e moderar essa tendência inexorável, mas não é capaz de evitá-la. Inevitavelmente, nosso estilo de vida futuro será mais simples, frugal, local, agrícola, diversificado e descentralizado do que o de agora. Nossa tarefa deve ser fazer dessa necessidade uma virtude.

Quando reconhecermos sua necessidade, veremos que um estilo de vida mais simples pode, de fato, ser mais virtuoso e feliz do que aquele que agora acreditamos representar o apogeu do progresso humano. Em primeiro lugar, a civilização industrial se tornou demasiado complexa e interligada para seu próprio bem. Como Joseph Tainter assinala, um excesso de complexidade, geralmente agravado por outros fatores, resultou na derrocada das civilizações anteriores.[13] Os custos da crescente

---

13 Joseph A. Tainter, *The Collapse of Complex Societies*, Nova York: Cambridge University Press, 1990.

complexidade se elevarão de forma desproporcional até, com o tempo, alcançarem um ponto de rendimentos decrescentes ou mesmo decadentes. Portanto, a civilização tem de se esforçar, cada vez mais, para continuar progredindo, ou, até, para ficar no mesmo lugar.

Além disso, a civilização, já pressionada pelos altos custos da complexidade, pode não mais ser resiliente o bastante para responder aos desafios adicionais. Arrisca-se a uma sucessão de falhas se um elo crítico entrar em colapso por qualquer motivo. As instituições interligadas de uma sociedade altamente complexa são como alpinistas presos a uma única corda: a queda de um pode desencadear a morte de todos. Por exemplo, o sistema financeiro mundial experimenta crises periódicas quando a falência de um banco liquida diversas instituições congêneres. Da mesma forma, uma súbita ou significativa elevação de preço de uma *commodity* crítica, como petróleo, pode sufocar uma superestrutura industrial baseada em energia barata e abundante. O perigo adicional é que essa crise pode desencadear pânico psicológico e desordem social. Em resumo, quanto mais alto construímos o edifício da civilização, mais vulneráveis nos tornamos à catástrofe. Dessa maneira, um estilo de vida mais simples e mais resiliente seria aconselhável em bases prudenciais.

No entanto, nossa preocupação principal aqui é a *politeia*, e o argumento político em favor da simplicidade cultural é o de que o grande tamanho e a grande complexidade produzem uma política aviltada. Quando um sistema de governo cresce além de certos limites, a oligarquia, no mau sentido, é inevitável, o fardo da burocracia fica sempre mais sufocante, e o consentimento dos governados é praticamente inalcançável. Um círculo vicioso fomenta a intervenção administrativa, um sempre maior planejamento centralizado, e o controle político assume o comando. Se a democracia sobreviver, será uma democracia simbólica, assombrada pela ameaça da multidão desorganizada à espreita.

Por exemplo, hoje, nos Estados Unidos, uma minúscula e circulante elite política toma todas as decisões importantes, alinhando os interesses do governo, das finanças e dos negócios. Como o sistema é "democrático", a elite precisa levar em conta as paixões da plebe, que podem irromper se esta perder a paciência. Assim, enquanto a classe dominante norte-americana prover o pão da afluência e o circo da mídia de entretenimento, pode fazer quase o que quiser. Tendo há muito superado as condições relativamente simples exigidas para apoiar seu projeto constitucional, os Estados Unidos tornaram-se um sistema de governo imperial, não guardando qualquer semelhança com a república norte-americana original. Esse é o preço político do grande tamanho e da grande complexidade.

Para colocar o problema em termos mais filosóficos, vamos enfocar *O contrato social*, de Jean-Jacques Rousseau, que sustenta que a tarefa central da política é preservar a "vontade geral". Isso é o que qualquer pessoa razoável, pondo de lado seu preconceito e interesse próprio, concordaria que é o interesse público, pois beneficia a comunidade em geral. Rousseau compara a vontade geral com a "vontade de todos", que é a mera soma de todas as vontades particulares dos indivíduos que compõem o sistema de governo.

A diferença entre a vontade geral e a vontade de todos é mais bem observada por meio de exemplos. Se algumas pessoas contraíram alguma doença contagiosa, a vontade geral pode demandar que elas sejam mantidas isoladas de alguma forma. Não permitimos que uma pessoa aparentemente saudável, mas capaz de transmitir uma doença contagiosa, trabalhe em restaurantes, pois impedir a disseminação da enfermidade para a população em geral se sobrepõe à sua liberdade. Da mesma forma, não permitimos que as pessoas urinem e defequem em qualquer lugar. Nós as obrigamos a manter boas condições de higiene por meio do uso de instalações sanitárias, tanto para impedir uma perturbação pública como para preservar a saúde pública. Também tornamos a vacinação obrigatória para as crianças em idade escolar, pois sabemos que o ganho para a sociedade, a partir da imunidade de grupo, sobrepuja não só a preferência parental, mas também o pequeno risco de prejudicar qualquer criança específica.

Nessa área crucial de saúde pública, obrigamos os indivíduos a seguir a vontade geral, em vez de sua vontade particular, pois fazer de outra forma produziria uma vontade enferma de todos.

Nesses casos, a diferença entre vontade geral e vontade de todos é evidente, e os argumentos a favor da primeira são, para a maioria das pessoas, convincentes. No entanto, essa mesma dinâmica se aplica em todos os níveis do sistema de governo, embora, em geral, numa forma mais atenuada, o que pode dificultar alcançar ou até discernir a vontade geral, sobretudo com antecedência. Como Rousseau afirma, "sempre queremos o que é bom para nós, mas nem sempre vemos isso".[14] Mesmo onde não há má intenção, mas simplesmente a ânsia natural de satisfazer o desejo individual, as pessoas que seguem sua vontade particular quase sempre criam uma vontade de todos contrária à vontade geral.

Por exemplo, a preferência individual por automóveis particulares gera diversos males públicos: cidades poluídas e congestionadas, mais amigáveis aos carros do que às pessoas; milhares de mortos e feridos por ano; ameaça de distúrbios climáticos; perda de boas terras cultiváveis para a expansão dos subúrbios; dilemas de política externa ou até guerras, e assim por diante. Da mesma forma, a demanda particular por madeiras exóticas provoca a destruição de florestas tropicais, uma tragédia ecológica cujos custos todos pagaremos. Igualmente, indivíduos que buscam prolongar a vida por meio de cuidados médicos de última geração ameaçam falir o erário, para mencionar apenas o custo fiscal das expectativas de vida prolongadas. Em outras palavras, desejos e ações perfeitamente razoáveis e legítimos se agregam em resultados globais a que nenhuma pessoa razoável aspiraria. A menos que a vontade geral seja identificada e defendida pelo sistema de governo, as microdecisões irrefletidas, motivadas pelos interesses particulares, resultarão em macrodecisões indesejáveis ou até ruinosas.

---

14 Jean-Jacques Rousseau, *On the Social Contract*, Nova York: St. Martin's, 1978, II, III.

A "tragédia dos bens comuns", o "problema dos bens públicos", o fenômeno da "falha de mercado" e diversos outros dilemas muito estudados por cientistas sociais contemporâneos são exemplos do problema geral identificado por Rousseau. O mesmo conflito essencial ocorre no interior de cada ser humano individual. Todos sabemos que seria mais saudável se comêssemos menos e nos exercitássemos mais (a vontade geral), mas, em vez disso, satisfazemos o apetite (a vontade particular) e causamos uma epidemia de obesidade (a vontade de todos).

Como questão tanto de princípio como de prática, as economias políticas modernas se baseiam explicitamente na vontade de todos, isto é, são projetadas para satisfazer o desejo particular, e não para alcançar o bem público. Invertendo a ótica, o bem público foi redefinido como o resultado da mão invisível do mercado econômico e político. De fato, qualquer iniciativa de defender o bem-estar público tende a ser rejeitada completamente, sendo considerada um pleito especial, ou tende a ser denunciada como inimiga da liberdade. O resultado prático da economia política moderna está fadado quase a ser o que o economista John Kenneth Galbraith denominou "afluência privada e esqualidez pública", isto é, um Estado em que os indivíduos satisfazem seus desejos triviais sem levar em consideração as consequências indesejáveis ou até destrutivas de seus atos particulares.[15]

Pior ainda, a realidade de qualquer mercado é que os participantes constantemente se esforçam para virar a mão invisível em sua direção; assim, o processo legislativo tende a ser subvertido. Como Rousseau afirmou, "o interesse mais baixo adota, descaradamente, o nome sagrado de bem público [...] e decretos iníquos, cujo único objetivo é o interesse particular, são aprovados de maneira hipócrita sob o nome de leis".[16] Portanto, a vontade de todos resultante não é

---

15 John Kenneth Galbraith, *The Affluent Society*, Boston: Houghton Mifflin, 1958.
16 Jean-Jacques Rousseau, *On the Social Contract*, Nova York: St. Martin's, 1978, IV, I.

pura, mas fraudulenta. Foi torcida para favorecer alguns interesses em detrimento de outros.

Para Rousseau, a vontade de todos não é, basicamente, um problema prático a ser solucionado, mas sim uma falha moral a ser superada. Quando seguimos nossa vontade particular, cegos para a vontade geral, ou até desafiando-a, prejudicamos a sociedade e degradamos a nós mesmos. Sua conclusão se manifesta em termos duros, conforme reproduzida na epígrafe deste capítulo: visto que "o mero impulso do apetite constitui escravidão", devemos ser "forçados a ser livres", tornando-nos obedientes às leis que alinham nossas vontades particulares com a vontade geral.

Rousseau procura reconciliar o conflito evidente entre a liberdade individual e a liberdade superior, que ganhamos seguindo a vontade geral, afirmando que estamos obedecendo a leis que, como seres razoáveis, prescrevemos para nós mesmos. No entanto, ele reconhece que o problema é como o da quadratura do círculo: em última análise, insolúvel. De acordo com Rousseau, é apenas um dado da condição humana que "a vontade particular aja incessantemente contra a vontade geral", ou seja, é inconcebível que as duas fiquem perfeitamente alinhadas alguma vez.[17]

No entanto, há uma solução aproximada para o ato de quadrar o círculo político: mediante a simplificação do cenário da política, podemos fazer a vontade particular e a vontade geral coincidirem num grau muito maior do que em sociedades grandes e complexas. O ideal político de Rousseau é a reunião de agricultores decidindo assuntos simples sob um carvalho. Quanto menor e mais simples o sistema de governo, mais provável será que aqueles que decidem entendam os problemas, enxerguem o que melhor atende seus interesses mútuos, e que escolham implementar essa decisão coletiva, mesmo que ela não satisfaça plenamente suas preferências particulares. Há uma relação

---

17   *Ibid.*, III, x; ver também III, II.

quase matemática: quanto mais longe uma sociedade estiver do ideal de Rousseau, menos evidente ou instigante será a vontade geral para qualquer dado indivíduo, e maior a probabilidade de o sistema de governo afundar numa indesejável vontade de todos. Em resumo, se quisermos alcançar uma aproximação grosseira da vontade geral, tornemos o sistema de governo pequeno e simples.

Conclui-se que o cenário da política é decisivo. Rousseau não quer um reino totalitário da virtude, como alguns críticos asseveram. Ele utiliza a doutrina da vontade geral não para justificar o autoritarismo, mas para mostrar por que é necessário estabelecer condições sociais que originem um reino da virtude natural. A menos que o sistema de governo seja relativamente pequeno e simples, a doutrina da vontade geral pode ser desvirtuada, legitimando a tirania de uma maioria ou a ditadura de um comitê central – exatamente o que aconteceu durante e depois da Revolução Francesa.

"A lei que alguém prescreve para si", de Rousseau, não é uma lei estatutária, a ser imposta pelas autoridades, mas uma lei moral, que personifica a vontade geral. Isso faz dos costumes a condição indispensável de uma boa política. A menos que a lei moral receba forma concreta, os indivíduos tenderão a seguir seu próprio caminho, sem levar em consideração a vontade geral. Segundo Rousseau, os costumes são o "princípio inabalável" da política.[18]

Infelizmente, em sociedades grandes, complexas e impessoais, além do alcance ou controle de qualquer pessoa, a tentação de ignorar ou desconsiderar os costumes da comunidade torna-se irresistível. Somente uma comunidade relativamente pequena e interativa pode exercer pressão moral suficiente para tornar os indivíduos sistematicamente obedientes aos costumes que os forçam a ser "livres". Se quisermos cidadãos honrados e cumpridores da lei, tornemos o sistema de governo pequeno e simples.

---

18   Ibid., II, XII.

Por fim, mas igualmente importante, a liberdade, para Rousseau, não é a capacidade de gratificar o apetite, mas sim a ausência de dependência. Como ele afirma em *Emílio, ou Da educação*:

> Há dois tipos de dependência: dependência das coisas, que é da natureza; dependência dos homens, que é da sociedade. A dependência das coisas, visto que não tem moralidade, não é de forma alguma prejudicial à liberdade e não engendra vícios. A dependência dos homens, visto que é sem ordem [ou seja, moralmente degradante], engendra todos os vícios, e, por meio deles, o mestre e o escravo são mutuamente corrompidos.[19]

Em outras palavras, uma ordem social grande, próspera, complexa e hierárquica reduz a maioria a um estado de dependência, e portanto destrói a liberdade. Assim, se quisermos cidadãos, em vez de escravos, tornemos o sistema de governo pequeno e simples.

As doutrinas de Rousseau podem soar surpreendentemente "iliberais" ao ouvido contemporâneo, mas consideremos a discussão de John Locke a respeito de liberdade:

> Então, a *Liberdade* do Homem e a Liberdade de agir de acordo com sua própria Vontade *se baseiam* na *Razão* que ele possui, que é capaz de instruí-lo naquela Lei mediante a qual ele deve governar a si mesmo, e de fazê-lo saber a que distância ele está da liberdade de sua própria vontade. Deixá-lo solto numa Liberdade desenfreada, antes de ele ter a Razão para orientá-lo, não é permitir-lhe o privilégio de sua Natureza, de ser livre, mas lançá-lo entre os Brutos e abandoná-lo numa condição tão desprezível quanto a deles, muito abaixo daquela de um Homem.[20]

---

19 Jean-Jacques Rousseau, *Émile, or On Education*, Nova York: Basic Books, 1979, p. 85. Ver também Jean-Jacques Rousseau, *On the Social Contract*, Nova York: St. Martin's, 1978, p. 137 ed. nota 31.
20 John Locke, *Two Treatises of Government*, Nova York: Cambridge University Press, 1988, p. 309 (uso de maiúsculas pelo autor, no original).

Assim, até mesmo o autor da tradição liberal sustenta que a liberdade não é "uma Liberdade irrestrita". Apesar de suas diferenças consideráveis, Locke e Rousseau concordam nesse ponto fundamental: a vontade particular do homem deve ficar sujeita à Lei mediante a qual ele está obrigado a "governar a si mesmo" – uma lei descoberta pela "Razão".

Enquadremos a questão em termos do silogismo de Burke. Se não nos prendermos a grilhões morais, outros farão o serviço por nós (e não necessariamente em nosso benefício). Deve haver uma estrutura de controle benigna para o ensino do autocontrole – em outras palavras, os costumes da comunidade. Portanto, Locke, que fez de uma sociedade civil forte o fulcro de sua teoria política, diverge apenas em grau de Platão, Rousseau e outros (como o psicólogo B. F. Skinner), que sustentavam que, como o condicionamento social já é difundido e controla o comportamento humano inconscientemente, devemos nos esforçar para praticá-lo de modo mais consciente, compassivo e responsável. Também deve ser dito que nem Locke nem Adam Smith aprovariam o modo como suas doutrinas liberais foram desvirtuadas. Na realidade, ambos estão mais próximos em espírito de Rousseau do que dos liberais contemporâneos, pois imaginavam proprietários independentes de pequenas propriedades rurais desfrutando de direitos de propriedade fortes, mas limitados – e não imensas corporações, que se estendem pelo globo explorando os mesmos direitos para dominar a economia e o Estado.

Além disso, a prescrição de Rousseau é muito próxima, em espírito e prática, do caminho não percorrido na história norte-americana, a saber, aquele de Thomas Jefferson, que lutou contra Alexander Hamilton pela alma da nova nação. Em essência, eles travaram uma batalha para determinar que metáfora governaria o futuro norte-americano: o jardim de Jefferson ou a máquina de Hamilton.[21] Como sabemos,

---

21 Leo Marx, *The Machine in the Garden*, Nova York: Oxford University Press, 1964.

Hamilton venceu. A metáfora mecânica foi consagrada pela Constituição dos Estados Unidos, e o país se dedicou de todo o coração ao "desenvolvimento econômico". Exatamente como os antifederalistas advertiram, o poder federal ofuscou constantemente a autoridade local; o comércio e o setor industrial subjugaram a agricultura, industrializando-a; e, em geral, a sociedade ficou cada vez maior, mais centralizada e mais complexa, causando todos os problemas anteriormente enumerados.

Jefferson não era um filósofo político sistemático. Assim, embora não argumentasse com o rigor de Rousseau, chegou à mesma conclusão que este – a de que a melhor vida para homens e mulheres é em comunidades agrícolas relativamente pequenas, simples e estáveis – e, essencialmente, pelas mesmas razões. O cerne do argumento moral e político de Jefferson está em suas *Notes on the State of Virginia*, em que exaltou "aqueles que trabalham na terra".[22] Não porque os agricultores sejam, de algum modo, mais virtuosos do que os burgueses, mas porque são independentes. Aqueles que não ganham sua subsistência como lavradores independentes, afirmou Jefferson, estão condenados a "depender dos infortúnios e caprichos dos clientes... [o que] gera subserviência e venalidade, sufoca o germe da virtude e prepara instrumentos adequados para os projetos de ambição".[23] Portanto, como Rousseau, Jefferson enxerga a independência como a base indispensável da liberdade.

Além disso, como o agricultor está quase literalmente enraizado no solo local, seu interesse e o da comunidade coincidem em grande medida. Portanto, ele tenderá a ser um bom cidadão, apoiador do bem-estar público, ao passo que os "mercadores não têm país", tendendo a ser venais e ambiciosos – isto é, a ser maus cidadãos, que

---

22 Thomas Jefferson, *Notes on the State of Virginia*, Nova York: Penguin Classics, 1998, p. 170.
23 *Ibid.*, 171.

buscam o lucro à custa da comunidade.²⁴ Dessa maneira, afirmou Jefferson, "devemos fazer nossa eleição entre *economia e liberdade*, ou *abundância e servidão*".²⁵ Conclui-se que o objetivo da economia deve ser a suficiência, em vez da afluência, e a administração, em vez do consumo, para que a geração corrente não tenha o direito de "dilapidar o usufruto das terras das diversas gerações por vir".²⁶

Como complemento político para sua modesta economia agrícola, Jefferson propôs um sistema de "distritos-repúblicas" (*ward-republics*). Deixando de lado os detalhes de seu plano um tanto artificial e intricado, o propósito de Jefferson era minimizar a distância entre aqueles que governam e aqueles que são governados, para maximizar a participação política efetiva e, com isso, preservar a liberdade do povo: "onde cada homem é compartilhante na direção de seu distrito-república [...] e sente que é participante no governo dos acontecimentos, não apenas em uma eleição num dia do ano, mas todos os dias [...] ele deixará o coração ser arrancado de seu corpo antes que o poder seja tirado de si por um César ou um Bonaparte".²⁷

Jefferson, que estava bem familiarizado com a vida dos índios norte-americanos, e que se qualificava como "um selvagem das montanhas da América",²⁸ visou criar um equivalente civilizado do grupo primitivo – que ele entendia ser o lar original da liberdade, igualdade e fraternidade –, pois acreditava que a democracia genuína poderia sobreviver somente num cenário que promovesse a sociabilidade natural. Por isso, afirmou:

---

24 Carta para Horatio G. Spafford, 17 mar. 1814, em John P. Foley (ed.), *The Jeffersonian Cyclopedia*, Nova York: Funk & Wagnalls, 1900, p. 548.
25 Carta para Samuel Kercheval, 12 jul. 1816, em *ibid.*, p. 235 (grifos do autor no original).
26 Carta para James Madison, 6 set. 1789, em *ibid.*, p. 375.
27 Carta para Joseph C. Cabell, 2 fev. 1816, em *ibid.*, p. 393.
28 Carta para Charles Bellini, 30 set. 1785, em *ibid.*, p. 312.

> Estou convencido de que aquelas sociedades (como as dos índios) que vivem sem governo desfrutam, em geral, de um grau infinitamente maior de felicidade do que aquelas que vivem sob os governos europeus. Entre as primeiras, a opinião pública está no lugar da lei, e reprime os costumes tão poderosamente quanto as leis reprimem sempre e em qualquer lugar. Entre as últimas, sob o pretexto de governo, dividiram seus países em duas classes: lobos e ovelhas.[29]

Rousseau e Jefferson compartilhavam um objetivo fundamental: ampliar a quantidade e a qualidade de liberdade, igualdade e fraternidade dentro do sistema de governo. E ambos concordam que o cenário correto e adequado da política é decisivo. A simplicidade social e a frugalidade econômica são as condições indispensáveis para uma política relativamente benigna e democrática.

No entanto, Jefferson não era um democrata da maneira como entendemos o termo. Para ele, parecia somente certo, lógico e adequado – em uma palavra, natural – que aqueles mais bem ajustados para governar devessem, de fato, fazer isso. Jefferson preconizava o governo por uma elite – uma "aristocracia natural" de "virtude e talento", que ele contrastava com uma "aristocracia artificial" de "riqueza e origem".[30]

Era um sentimento compartilhado por Rousseau, Madison e até Locke. "Em resumo", Rousseau disse, "é a melhor e mais natural ordem que os mais sábios governem a massa, desde que seja certo que governem para o benefício dela e não para o seu próprio".[31] Da mesma forma, Madison afirmou: "o objetivo de toda constituição política é, ou devia ser, em primeiro lugar, obter como governantes

---

29 Carta para Edward Carrington, 16 jan. 1787, *The Papers of Thomas Jefferson*, vol. 11, Princeton: Princeton University Press, 1950, pp. 48-9.
30 Carta para John Adams, 28 out. 1813, em John P. Foley (ed.), *The Jeffersonian Cyclopedia*, Nova York: Funk & Wagnalls, 1900, pp. 48-9.
31 Jean-Jacques Rousseau, *On the Social Contract*, Nova York: St. Martin's, 1978, III, v.

homens que possuam mais sabedoria para discernir e mais virtude para buscar o bem comum da sociedade; e, em segundo lugar, tomar as precauções mais eficazes para mantê-los virtuosos, enquanto continuam a deter a confiança pública".[32] E as propostas educacionais de Locke visavam a criação dessa elite, pois apenas aqueles dotados de sabedoria e virtude trabalhariam para defender e preservar a sociedade civil, que é a base do sistema de governo liberal de Locke.[33]

Jefferson também considerava a educação como decisivamente importante. Como era um meio indispensável para a criação de uma aristocracia natural, a educação devia ser aberta a todos. Caso contrário, a riqueza e a origem se tornariam obstáculos para a ascensão da virtude e do talento. Infelizmente, o ideal educacional de Jefferson foi subvertido em grande medida pela máquina de Hamilton. Educamos para o mérito, e não para a virtude e o talento. No entanto, a meritocracia é o governo do meramente inteligente, enquanto a aristocracia é o governo do prudente. Em outras palavras, a meritocracia agrega valor, isto é, contribui para o resultado final da máquina, sem muita preocupação com as consequências, enquanto a aristocracia agrega caráter, que é essencial para manter a política e a economia nos trilhos. Além disso, como sistema, a meritocracia tende a ser autorreforçadora, já que os filhos dos relativamente ricos e bem colocados ingressarão geralmente nas escolas com muitas vantagens; o resultado final, porém, tende a ser uma aristocracia artificial, de riqueza e origem.[34]

Nos distritos-repúblicas democráticos imaginados por Jefferson, o simples mérito, nesse sentido, não ofuscaria facilmente a virtude

---

32   "Federalist Nº 57", em Alexander Hamilton, James Madison & John Jay, *The Federalist Papers*, Seattle: CreateSpace, 2010, p. 165.
33   Ver James L. Axtell (ed.), *The Educational Writings of John Locke*, Cambridge: Cambridge University Press, 1968.
34   Ver Michael D. Young, *The Rise of the Meritocracy*, New Brunswick: Transaction, 1994.

e o talento. Com educação adequada, ou assim Jefferson acreditava, uma classe de aristocratas naturais genuínos poderia surgir e ser, no geral, aceita pela comunidade. Independentemente de seu nível de inteligência ou educação, as pessoas são juízes razoavelmente argutos do caráter, quando vivem umas com as outras todos os dias; e, como Aristóteles afirmou, é o caráter que conta: "se os cidadãos de um Estado devem julgar e distribuir cargos de acordo com o mérito, devem conhecer os caracteres uns dos outros; onde não se possui esse conhecimento, tanto a escolha para o cargo quanto a [administração da justiça] darão errado".[35] Em sociedades relativamente pequenas e locais, em que todos conhecem as atividades de todos os demais, os cidadãos concordarão, geralmente, quanto a quem é competente e confiável, e o escolherão segundo esses critérios.

Em sociedades grandes e complexas, em que os homens e as mulheres tomam conhecimento das coisas apenas por meio de fontes indiretas, as pessoas não são capazes de julgar o caráter, sendo facilmente enganadas pelas imagens. O emaranhado de falsidade e duplicidade que é a política eleitoral norte-americana hoje atesta isso. Ainda pior, aqueles que ascendem ao topo da política, nessas sociedades, tenderão a ser ambiciosos – isto é, sedentos de poder e, portanto, ameaças à liberdade.

Embora nenhuma forma de associação humana possa ser sempre inteiramente sã, e nenhuma classe esteja verdadeiramente apta a governar, uma sociedade pequena e interativa, em que as pessoas são alçadas aos cargos com base no conhecimento pessoal direto, tem mais probabilidade de produzir sanidade política e boa governança do que uma em que o consentimento é engendrado remotamente, por meio de imagens que podem ter pouco ou nada a ver com a realidade. Num cenário jeffersoniano, a aristocracia natural e a política democrática são aliadas, e não inimigas.

---

35 Aristóteles, *The Politics*, Mineola: Dover, 2000, VII, IV.

Falando de modo mais geral, alguma forma de aristocracia é essencial para uma democracia saudável. Como destacado por Le Bon, apenas uma elite genuína pode fornecer a disciplina, a prudência e a premeditação necessárias para controlar as tendências destrutivas das massas. Sem uma influência de virtude aristocrática, qualquer democracia está destinada a satisfazer o prognóstico amargo de John Adams: "lembremos que a democracia [...] logo se perde, se exaure e se mata. Até agora, nunca houve uma democracia que não tenha cometido suicídio".[36] E quanto mais massiva, abarrotada e agressivamente igualitária a democracia, mais cedo ela perecerá.

Embora agora, em linhas gerais, entendamos a *politeia*, seria prematuro indicar instituições específicas. Dada a natureza caótica do sistema mundial e a provável magnitude das iminentes mudanças, encaramos um futuro que é radicalmente diferente e predominantemente imprevisível. Além disso, somos compelidos a conceber o futuro de maneira anacrônica, isto é, em termos de nosso modo de pensar corrente, de que a posteridade não compartilhará, e de nosso nível de conhecimento presente, que a posteridade superará. Embora o futuro provavelmente vá se assemelhar ao passado pré-industrial em muitos aspectos, também conterá possibilidades que não podemos imaginar agora. A invenção tecnológica continuará mudando as regras do jogo, e as gerações futuras quase certamente pensarão e agirão sob premissas bastante distintas das nossas. Em vez de se concentrarem na máquina do governo, serão mais frutíferas ao conceber políticas que levem em conta a ecologia, isto é, considerarão como podemos modelar o processo de governança sobre os princípios físicos e biológicos básicos que "governam" os processos naturais.

---

36 Carta para John Taylor, 15 abr. 1814, em *The Political Writings of John Adams*, Washington: Gateway, 2001, p. 406.

Esse é um tópico complexo, que merece tratamento mais extenso e criterioso do que posso oferecer aqui, mas sua essência é facilmente determinada. A "constituição" da natureza não é composta de regras estruturais – como "deixem os tamanduás existirem!" –, mas de critérios de projeto, como, por exemplo, as leis da termodinâmica. A natureza ordena certos padrões ou modelos de vida – a qual "deve se basear nas propriedades químicas do carbono" –, mas não demanda espécies particulares. A profusão incrível de formas de vida, que constituem a estrutura da natureza, é, portanto, resultado de um processo orgânico, criado pela interação de todos esses critérios de projeto ao longo do tempo. Habitamos um universo darwiniano, em que a divindade não criou uma ordem biológica preconcebida, mas, em vez disso, ativou uma tendência evolucionária geral, governada pelos critérios de projeto, que produz rapidamente espécies e ecossistemas em abundância.

Em linguagem técnica, a estratégia da natureza é *teleonômica*. Os sistemas naturais se desenvolvem resolutamente para fins que estão implícitos em seus critérios de projeto, mas não há nenhum fim definido para o qual o sistema tende. A natureza estava bastante feliz com os dinossauros até um asteroide colidir com a Terra. No entanto, o resultado está longe do aleatório: os dinossauros e os mamíferos evoluíram para preencher os mesmos nichos ecológicos. Em contraste, o planejamento, como praticado pelo homem, é normalmente *teleológico*, pois envolve um movimento rumo a um resultado predeterminado.

Como vimos, o resultado da estratégia de projeto da natureza deve ser entendido dinamicamente, isto é, em termos de realimentação positiva e negativa, oscilação e amortecimento, sensibilidade e limites, e outras características identificáveis do comportamento dos sistemas. Embora isso seja bem entendido pelos cientistas que estudam processos naturais, é raro que aqueles preocupados com os assuntos humanos – cientistas sociais, jornalistas, políticos e cidadãos comuns – tenham consciência de que estão lidando com sistemas complexos, que requerem essa análise sofisticada, e ainda mais raro que pensem de forma genuinamente sistemática acerca de sistemas de governo, economia e sociedade.

Devido às limitações cognitivas discutidas anteriormente, ainda tendemos a pensar nos assuntos humanos de maneiras pré-darwinianas. Estamos preocupados com a mecânica, à custa da dinâmica. E pensamos que a mudança pode ser imposta de cima para baixo, para alcançarmos um resultado predeterminado. Esse modo de pensar é obsoleto. A pólis natural morreu, e nunca será restaurada; assim, como Hobbes afirmou, somos obrigados a criar uma comunidade política por meio da arte. No entanto, os métodos mecânicos de Hobbes e de seus sucessores não são mais adequados para a tarefa. Hoje, governar de maneira efetiva significa compreender e imitar a estratégia de projeto orgânico da natureza.

A arquitetura, a arte estrutural à qual a arte política é frequentemente comparada, propicia uma ilustração concreta de uma maneira pela qual o problema do projeto político pode ser abordado. Como mencionado no capítulo anterior, Christopher Alexander e seus colegas reconstruíram a teoria arquitetônica sobre princípios orgânicos, chegando a uma filosofia de projeto que chamaram de "a maneira atemporal de construir", que pode ser concretamente articulada numa "linguagem de padrões". Entre esses padrões, inclui-se "luz nos dois lados de cada recinto".[37] Esse padrão não impõe um projeto específico. Um número infinito de recintos – todos de acordo com o padrão, mas todos diferentes – pode ser construído. No entanto, isso garante certo resultado: todos os recintos terão luz natural suficiente para parecerem confortáveis. O grupo de Alexander identificou 253 padrões. Isso abrange a gama de padrões do regional ("comunidade dos 7 mil") ao ornamental ("pavimento com fendas entre as pedras"),

---

37 Christopher Alexander *et al.*, *A Pattern Language*, Nova York: Oxford University Press, 1977, pp. 746-51.

constituindo a base de uma arquitetura assentada sobre princípios orgânicos, que fazem as pessoas se sentirem em casa.[38] A maneira atemporal de construir, de Alexander, constitui o equivalente arquitetônico da justiça de Platão: o projeto da linguagem de padrões é ordenar as partes, para que formem um todo harmonioso e belo.

Deveria ser possível formular uma linguagem de padrões similar para a política: um conjunto de princípios que não imporia estruturas ou instituições específicas, que fosse rigorosamente adaptado às condições locais, mas que geraria um processo político que daria apoio à vida virtuosa. De fato, um dos padrões mencionados acima é político. O padrão "comunidade dos 7 mil" responde à questão do tamanho ideal das comunidades humanas, que preocupou os filósofos políticos desde os tempos antigos.

No entanto, imaginemos algo mais diretamente relacionado com o processo político. Suponhamos que transformemos em princípio político fundamental o padrão "conhecimento pessoal requerido para votar". Embora diversos sistemas de governo possam ser construídos com base nesse padrão, todos teriam de ser estruturados para que os cidadãos (ou aqueles atuando como seus agentes) tivessem conhecimento pessoal direto das questões e dos candidatos.

Ou, vamos supor que levamos a sério a preservação da agricultura familiar. Como vimos, as forças de mercado tendem a expulsar do setor as propriedades rurais pequenas, independentes e mistas, e os subsídios destinados a impedir isso só fazem incitar o crescimento do agronegócio. A análise de sistemas sugere que a única maneira de deter a dinâmica perversa do "crescer ou cair fora" é limitar o tamanho das propriedades rurais. Um padrão dentro do espírito de "propriedades rurais de dezesseis hectares" pode ajudar a manter os agricultores na terra e, com isso, preservar as comunidades agrícolas. O acréscimo de um padrão exigindo "arrendamento em confiança" pode asseverar o

---

38 Ibid., pp. 70-4 e 1138-40.

interesse da comunidade na administração responsável, além de ajudar a preservar o usufruto da terra para as futuras gerações.

Apenas um distrito-república jeffersoniano se enquadra nesses padrões específicos de padrão político. Se usássemos essa estratégia constitucional, a estrutura de nossas instituições políticas talvez não parecesse diferente – afinal, há certa lógica nos poderes executivo, legislativo e judiciário do governo –, mas o espírito mudaria, quem sabe radicalmente. No entanto, também existiriam continuidades importantes; assim, a sabedoria da tradição política ocidental ainda seria pertinente. Portanto, ao reinventar a arquitetura da política, desejaremos ser orientados por Platão, Rousseau, Jefferson e outros filósofos que sejam críticos de uma abordagem excessivamente mecânica da vida e da política – sobretudo Montesquieu, que outrora foi muito influente, e que pode, ainda, recuperar sua estatura anterior.

O estilo do raciocínio de Montesquieu fornece um antídoto ao racionalismo excessivo da tradição cartesiana. Montesquieu também busca leis gerais, mas não à custa do contexto ou de particularidades. Segundo ele, existem "ordens distintas de leis" governando esferas naturais e humanas divergentes, de modo que "o bom senso consiste, em grande medida, em conhecer as nuances das coisas".[39] Portanto, a verdade é produto da capacidade de julgar, e não do cálculo, e racionalidade significa levar em conta todos os fatores relevantes. Invertendo a ótica, a irracionalidade não é a falta de rigor lógico, mas uma desconsideração pela complexidade, pelo contexto e pela duração – isto é, pela densa teia de inter-relações, característica dos sistemas sociais e naturais que evoluíram ao longo do tempo. Em resumo, Montesquieu raciocina *ecologicamente*.

---

39 "In Defence of 'The Spirit of the Laws'", *apud* Sheldon S. Wolin, *The Presence of the Past*, Baltimore: Johns Hopkins University Press, 1990, pp. 106-7. Ver também o restante do capítulo para uma discussão ampliada da abordagem ecológica, orientada pelo processo, em relação à política de Montesquieu.

Como resultado desse entendimento da vida e da política, surge sua célebre doutrina de separação dos poderes, que emergiu como um antídoto ao despotismo – ao poder bruto, incontrolado e coercitivo, que trata com desprezo o contexto e as particularidades.

O entendimento nuançado de Montesquieu a respeito da realidade social também é evidente em suas prescrições políticas. Como Rousseau, ele entendeu que os homens e as mulheres falíveis devem ser forçados a ser livres: "para os homens, é afortunado que estejam numa situação em que, embora suas paixões os induzam a ser iníquos, seja do interesse deles serem humanos e virtuosos".[40] Como Rousseau e Jefferson, e, basicamente, pelas mesmas razões, Montesquieu defende as repúblicas pequenas:

> Está na natureza da república que ela deva ter um território pequeno; sem isso, mal pode existir. Numa república grande, há fortunas grandes, e, consequentemente, pouca moderação de espírito; há confianças muito grandes a serem depositadas nas mãos de qualquer cidadão individual; os interesses se tornam particularizados; um homem começa a sentir que pode se tornar feliz, notável e glorioso sem o seu país – e, então, que pode se tornar notável sobre as ruínas de seu país.
>
> Numa república grande, o bem comum é sacrificado a milhares de considerações, subordina-se a diversas exceções, depende de acasos. Numa república pequena, o bem público é sentido com mais intensidade, é mais bem conhecido, e está mais próximo de cada cidadão; os abusos são menos extensivos e, consequentemente, menos protegidos.[41]

---

40 Charles de Secondat, Baron de Montesquieu, *The Spirit of the Laws*, Londres: Bell, 1914, XXI, XX.
41 Tradução alternativa de *The Spirit of the Laws*, VIII, 16, em Robert A. Dahl & Edward R. Tufte, *Size and Democracy*, Stanford: Stanford University Press, 1973, p. 7.

Como a tradição ocidental não detém o monopólio da sabedoria política, o pensamento oriental talvez demonstre ser um recurso fundamental quando nos esforçamos para reconstruir a civilização dentro dos moldes ecológicos. O Ocidente, afirma Joseph Needham, situa a realidade na *substância*, enquanto o Oriente a encontra na *relação*.[42] Portanto, o pensamento oriental está mais em sintonia com a realidade ecológica (e com o mundo emergente das redes) do que quase todas as filosofias ocidentais. Além disso, afirma Needham, há dois modos de progredir além do pensamento mágico: o modo grego, de buscar *causas*, que resulta numa visão mecânica, e o modo chinês, de buscar *padrões*, que leva a uma visão ecológica.[43] Dessa maneira, o Oriente e o Ocidente concebem a natureza de modos bastante distintos. No Ocidente, como a natureza constitui a criação de um legislador celestial, a sabedoria e a virtude consistem na descoberta da estrutura da lei divina e em sua obediência. No Oriente, porém, como a natureza emergiu espontaneamente – isto é, ela se auto-organizou –, a sabedoria e a virtude consistem no discernimento do padrão cósmico e em seu acompanhamento. O cânone básico da religião taoísta, o *Tao Te Ching*, de Lao Tsé, é lido mais como um manual de sistemas, não obstante místico, do que como uma doutrina metafísica. De modo lacônico, apresenta a ecologia espiritual do universo e aconselha o cultivo da humildade, suavidade, simplicidade e flexibilidade como forma de harmonizar os pensamentos e as ações da pessoa com o Tao, o caminho fundamental da natureza. Agora que o método grego, de fato, validou o modo chinês, a sabedoria do Oriente pode nos ajudar a buscar nossa via para uma ordem moral e política apropriada à era da ecologia.

---

42 Joseph Needham, *Science and Civilisation in China*, vol. 2, *History of Scientific Thought*, Nova York: Cambridge University Press, 1991, p. 78. Ver também Joseph Needham, "History and Human Values: A Chinese Perspective for World Science and Technology", *Centennial Review*, inverno de 1976, 20, nº 1, pp. 1-35.
43 *Idem, Science and Civilisation in China, op. cit.*, pp. 165-6.

Não importa que tipo de instituições políticas surja no futuro, elas serão tão boas quanto os costumes que as suportam – e os costumes não nascem, nem são eficazes, sem a sanção de um sistema de crenças que manifesta o ideal da comunidade. Rousseau demandou "uma profissão de fé puramente civil [...] sem a qual é impossível ser um bom cidadão".[44] (Ele também propôs uma religião natural, ao lado dessa fé civil, a respeito da qual mais detalhes são fornecidos no próximo capítulo.) A tradição política ocidental antes de Hobbes é praticamente unânime em relação a esse ponto. Como Walter Lippmann disse, sem "o mandato do céu", um sistema de governo está fadado a cair num caos antinomiano, em que os indivíduos criam suas próprias regras ao estilo do Marquês de Sade.[45] Nem "os direitos do homem", nem outras "verdades" políticas são "evidentes", exceto num contexto moral. Em resumo, a religião civil será um elemento indispensável da nova *politeia*.

Infelizmente, no léxico moderno, *religion* conota a superstição e a opressão do *infâme* de Voltaire; assim, a ideia de que o sistema de governo deve ter uma base religiosa sofrerá forte resistência. O problema surge por causa do tipo de religião prevalecente no Ocidente. Na medida em que a religião é definida de maneira teológica e monoteística – isto é, como revelação de um Deus pessoal, que não terá outros deuses diante dele –, então um conflito com a autoridade política é inevitável. O objetivo derradeiro de todas essas religiões deve ser uma sociedade como aquela do judaísmo ortodoxo ou do islamismo tradicional, sem separação entre o sagrado e o secular.[46]

Esse conflito não é inevitável para os estoicos ou taoístas, pois essas formas de espiritualidade não atribuem qualquer autoridade à

---

44 Jean-Jacques Rousseau, *On the Social Contract*, Nova York: St. Martin's, 1978, IV, VIII.
45 Walter Lippmann, *The Public Philosophy*, New Brunswick: Transaction, 1989, pp. 160-82.
46 Mark Lilla, *The Stillborn God*, Nova York: Knopf, 2007.

divindade – que é impessoal em qualquer circunstância, que é uma e muitas ao mesmo tempo, e que não depende de nenhum sistema de crenças. Tampouco esse conflito é inevitável para os confucianos ou budistas. Estes podem encorajar a autoridade política a sustentar um padrão de virtude – um ao qual os seres mais razoáveis, incluindo quase todos os filósofos políticos ocidentais, dariam seu assentimento –, mas sua motivação e seu fundamento lógico são pragmáticos, e não teológicos. A questão é manter a paz civil e promover a harmonia social em benefício próprio, e não para satisfazer a vontade divina.

Além disso, a fobia ocidental contra a religião na política ignora o fato de que, como mencionado no prefácio, a era moderna é exatamente tão religiosa quanto a precedente, mas seu credo secular – uma fé fervorosa no progresso – fracassa em fornecer uma base moral para a sociedade. No entanto, não resulta do fracasso do secularismo e do racionalismo do Iluminismo o fato de que devemos restabelecer a religião eclesiástica ou uma fé estabelecida. Como os exemplos acima atestam, formas específicas de religião podem ser politicamente problemáticas, mas nem toda tradição religiosa é politicamente perigosa.

Precisamos redescobrir uma verdade sagrada, que não entre em conflito com a razão nem oprima o indivíduo, e, então, tornar esse entendimento a base de uma política espiritualizada. Em outras palavras, precisamos de uma visão de mundo religiosa não sacerdotal, não sectária, não teológica e não tribal, que seja compatível com a ciência e que propicie orientação pessoal, orientação moral e um arcabouço de ordem pública sem a imposição de dogmas que demandem crença ou padres que precisem ser obedecidos.[47] O resultado talvez seja um tipo de confucionismo, taoísmo ou estoicismo para a era pós-mecânica.

---

47 Para uma tentativa de articular essa visão de mundo, ver Aldous Huxley, *The Perennial Philosophy*, Nova York: Harper Perennial, 2009.

A visão de mundo ecológica fornece o centro em torno do qual essa religião filosófica e ética pode prosperar, pois, embora comece em explicação científica, termina numa visão que é impressionante. Entender a beleza, unidade e inteligência do cosmos é perceber que ele é sagrado; e perceber que ele é sagrado é desejar viver de acordo com suas leis – ou seja, com humildade, moderação e apreciação profunda para uma ligação com a totalidade da vida no planeta. No entanto, nenhum dogma, confissão, rito ou hierarquia precisa resultar disso – somente um estilo de vida e um modo de pensar em harmonia com a verdade da existência, quer chamemos isso de o Bem, a Verdade, o Belo ou o Tao.[48]

Essa filosofia religiosa não precisa ser e não deve ser sobrenatural. Pitirim Sorokin, especialista em sociologia histórica, descreveu os três tipos básicos de cultura encontrados nas civilizações: ideacional, sensorial e idealista.[49] A cultura ideacional não é deste mundo; a cultura sensorial é somente deste mundo; e a cultura idealista é balanceada, integrando os dois polos. O Iluminismo reagiu à cultura ideacional da Idade Média indo para o extremo oposto. Promoveu a cultura sensorial da modernidade, talvez o estilo de vida mais profano e materialista que já existiu. Para usar a imagem do historiador Henry Adams, a Virgem foi suplantada pelo Dínamo. A cultura foi de um estado de desequilíbrio para outro – da crença para a dúvida, da poesia para a ciência, da imaginação para o intelecto, do eros para o logos, do *yin* para o *yang*.

Contudo, ser extremo ou unilateral é ser patológico em certa medida. Cada lado de uma polaridade possui suas virtudes características, mas também apresenta os defeitos dessas virtudes. Por exemplo, o custo relativo à comunidade e coesão da cultura ideacional foi conformidade e submissão. Ao rejeitar a Virgem e adotar o Dínamo,

---

48 Ver discussão a respeito de religião em Patricia Crone, *Pre-Industrial Societies*, Oxford: Oneworld, 2003, pp. 123-43. A religião não precisa ser bíblica, teológica ou monoteísta.

49 Pitirim A. Sorokin, *Social and Cultural Dynamics*, Boston: Porter Sargent, 1957.

o Iluminismo trocou uma patologia por sua oposta: bastante dúvida, ciência, intelecto, logos ou *yang*, e pouca crença, poesia, imaginação, eros ou *yin*. Conquistamos uma liberdade luxuriante em relação à condição de conformidade e submissão, mas também sofremos uma falta dolorosa de comunidade e coesão.

Portanto, a cura dos males políticos de nossa atual civilização, sem afundarmos na conformidade e submissão, exigirá um esforço consciente de promoção do equilíbrio cultural – isto é, a criação de uma civilização idealista, que integre os dois polos, em vez de exaltar um polo em detrimento do outro. Precisamos de um casamento entre a Virgem e o Dínamo.

Se tivermos sucesso em criar essa união, poderemos preservar um dos maiores feitos da política moderna: o entendimento de que os indivíduos possuem direitos humanos e civis que devem ser respeitados por todos, mas sobretudo por aqueles que têm o poder nas mãos.[50] Ao mesmo tempo, poderemos eliminar a fraqueza fatal da política moderna: o egotismo autodestrutivo, que faz o indivíduo se considerar como inerentemente separado dos outros indivíduos, e que induz a raça humana a se ver como basicamente à parte e superior em relação ao lar ecológico ao qual pertence. A nova *politeia* obterá sua autoridade de uma filosofia espiritual e ética, que desempenhe a função básica da religião: religar-nos ao cosmos, restaurando a unidade fundamental que perdemos.

Alguma noção do que essa filosofia possa parecer talvez seja encontrada num excerto de *Western Inscription*, de Zhang Zai, mandarim e filósofo neoconfuciano do século XI, que tinha o texto a seguir colocado sobre a parede oeste de seu escritório, onde podia vê-lo enquanto exercia suas funções oficiais:

---

50   O conceito de direitos associados à cidadania possui raízes históricas profundas. Na Roma Antiga, por exemplo, os cidadãos desfrutavam de liberdades civis e garantias legais mesmo sob os imperadores. Não devemos cometer o erro de confundir direitos humanos e civis com democracia representativa.

> Deus é meu pai e a Terra é minha mãe, e mesmo uma pequena criatura como eu encontra um lugar íntimo em seu meio. Portanto, isso que preenche o universo, considero como meu corpo, e aquilo que dirige o universo, considero como minha natureza. Todas as pessoas são meus irmãos e irmãs, e todas as coisas são meus companheiros.[51]

Agora que entendemos o que envolve a nova *politeia*, podemos nos perguntar mais uma vez se é realista propor essa mudança radical em nosso modo de política. Em face das coisas, provavelmente não, mas isso não é necessariamente decisivo. Recordemos a opinião derrisória de Hobbes a respeito de seu próprio labor filosófico, que estabeleceu a base da política moderna: "inútil". Acredito que atingimos um ponto crítico na evolução humana, obrigando-nos a questionar a tendência básica da civilização desde os tempos neolíticos. Levamos a inclinação para o poder e a riqueza material a um extremo além do qual não podemos avançar mais. Diariamente, torna-se mais evidente que a civilização moderna encara problemas estruturais profundos, para os quais não há solução plausível, se, por solução, queremos dizer mera remendagem de nossos arranjos sociais e políticos vigentes. A mudança radical está prestes a acontecer, quer a busquemos ou não, e há motivo para acreditar que condições favoráveis para a nova *politeia* serão o resultado final, pois, em última análise, a escassez ecológica nos obrigará a viver em cenários menores e mais simples, compatíveis com as ideias políticas de Rousseau e Jefferson.

Outros fatores também estimularão a descentralização; por exemplo, a natureza mutável da guerra. Como John Robb assinala, sistemas grandes e centralizados atraem ataques assimétricos.[52] A resiliência proporcionada pela descentralização também pode ser nossa melhor

---

51 *Apud* James Miller, *Chinese Religions in Contemporary Societies*, Santa Barbara: ABC-Clio, 2006, p. 293.
52 John Robb, *Brave New War*, Nova York: Wiley, 2007.

proteção contra as pandemias globais, que as autoridades de saúde pública consideram inevitáveis. Se alguém for vitimado, as localidades não serão capazes de contar com muita ajuda do centro, e terão de recorrer a seus próprios recursos. Nesse momento, preocupações similares estão sendo enunciadas a respeito da rede elétrica, que, por ser tão interligada, é vulnerável a uma sucessão de falhas. Em resumo, a descentralização parece uma ideia cuja hora chegou.

Mudanças sociais importantes ocorrem de duas maneiras: por osmose ou por revolta. A osmose envolve uma gradual – e, muitas vezes, furtiva – mudança de opinião, até que a sociedade desperte para uma nova realidade: "os acontecimentos memoráveis da história são os efeitos visíveis de mudanças invisíveis no pensamento humano", afirmou Le Bon.[53] Como vimos, quando uma metáfora morre, o mesmo ocorre com sua época. O *ancien régime* foi condenado assim que o direito divino se tornou uma teoria não crível da política, ainda que a inércia mantivesse a monarquia viva por quase um século depois de ter sido declarada moribunda.

No entanto, nossa própria teoria da política está igualmente moribunda. A metáfora da máquina, que inspira nossos arranjos políticos, não está mais de acordo com a epistemologia e a ontologia da ciência moderna, uma descontinuidade que não pode persistir indefinidamente. Além disso, os insucessos práticos da metáfora da máquina começaram a influenciar o debate público. Nesse momento, um reduzido – mas crescente – número de pensadores entende que o limite exponencial e termodinâmico ao crescimento é real e iminente, e que a tecnologia não é uma panaceia.

Com respeito à tecnologia, não sou luddita. Há diversas possibilidades para obtenção de energia a partir de fontes de combustível não fóssil: reatores de tório, poços geotérmicos, fornos solares e muitas outras, incluindo algumas ainda a serem inventadas. No entanto, não

---

53 Gustave Le Bon, *The Crowd*, Mineola: Dover, 2002, IX.

há escapatória em relação às leis da termodinâmica. Essas soluções serão mais custosas, mais desafiadoras e muito menos lucrativas do que simplesmente queimar a riqueza existente. A efetivação do potencial das fontes alternativas de combustível exigirá imensos investimentos de capital e enormes gastos de energia, tirada de nossos estoques de combustíveis fósseis em rápido declínio. Isso nos deixaria com uma tarefa muito difícil, mesmo que tivéssemos tempo em abundância. Infelizmente, não temos tempo, pois nos atrasamos em relação à curva exponencial. Se tivéssemos sido mais previdentes, teríamos começado uma transição planejada para essas tecnologias alternativas uma geração atrás. Como não fomos, sofreremos as consequências. Mais à frente, a tecnologia pode fornecer os recursos para uma civilização avançada, que será muito diferente da nossa – mas ela não oferece reparos rápidos ou fáceis para nosso problema atual, nem permitirá que nos esquivemos da necessidade de mudanças sociais e políticas.

Felizmente, a conscientização popular a respeito do dano ecológico e da dependência completa da humanidade em relação à natureza cresce de forma gradual e constante. Embora relativamente poucos tenham abraçado completamente a metáfora de Gaia (e a consequente necessidade de mudança radical), ela, sem dúvida, começou a fixar sua reivindicação sobre nossa consciência coletiva. Se virarmos ao contrário o aforismo de MacLeish para afirmar que "um mundo começa depois que sua metáfora nasceu", então estamos testemunhando os dias de declínio de uma era e a gênese de outra.

A segunda maneira pela qual ocorre uma mudança importante é por meio da revolta, como quando o acúmulo gradual da pressão tectônica, ao longo de uma falha geológica, subitamente é liberado, provocando um terremoto. A inércia é uma força poderosa nos assuntos humanos. Por meio da miopia, da estupidez, do egoísmo ou da simples indolência, populações e regimes resistem ativamente às reformas necessárias, até uma crise precipitar uma ruptura radical. O moribundo *ancien régime* foi derrubado só depois que um falido Luís XVI foi forçado a convocar a Assembleia dos Estados Gerais, desencadeando o terremoto político que enterrou a monarquia e revolucionou a França.

Embora não seja possível prever os pormenores, o efeito devastador da escassez ecológica numa civilização baseada na abundância será como um cataclismo em câmera lenta, varrendo a antiga ordem mecânica e precipitando mudanças radicais em nossa economia, nossa sociedade e nosso sistema de governo. É improvável que essa transformação ocorra de acordo com algum grande plano. Em vez disso, vamos nos adaptar, aos poucos, à escassez emergente, enquanto avançamos aos trancos e barrancos na direção do futuro.[54] O resultado é previsível: uma nova ordem ecológica produzirá um cenário social favorável à nova *politeia*.

No entanto, a forma derradeira do futuro político depende de nós. Os gregos não conseguiram conceber uma alternativa à pólis, ainda que a visão retrospectiva nos revele que estava moribunda, e os senhores de escravos do sul dos Estados Unidos não foram capazes de imaginar qualquer outro estilo de vida, ainda que a escravidão fosse economicamente obsoleta e moralmente indefensável. Também achamos difícil imaginar uma alternativa à constituição norte-americana, ainda que esteja intelectual e praticamente obsoleta.

É da natureza humana se apegar ao diabo que se conhece, em vez de abraçar o anjo que não se conhece. Assim, provavelmente, resistiremos às mudanças requeridas contra o amargo fim, aumentando o risco de uma transição prolongada e brutal, combinando o pior de Hobbes e Orwell. Em consideração à posteridade, rezemos para que escolhamos nos tornar parteiros conscientes da era de Gaia e da *politeia* sã, humana e ecológica. Caso contrário, sempre teremos o consolo da filosofia. Sócrates não ensinou que devemos aperfeiçoar o mundo, mas que devemos nos aperfeiçoar dentro de um mundo imperfeito.

---

54 Warren A. Johnson, *Muddling toward Frugality*, Westport: Easton Studio Press, 2010.

Em conclusão, a instituição da *therapeia* e da *paideia* exigirá uma *politeia* que seja rousseauniana e jeffersoniana em espírito e prática. Nessas pequenas repúblicas, o indivíduo está em contato direto, sem intermediários, com a realidade ecológica, econômica, social e política. Esse cenário ofereceria a todos a perspectiva do autoaperfeiçoamento livre e autônomo, numa comunidade justa, moral e fraternal, baseada no direito natural. O objetivo não é criar algum apócrifo "novo homem", mas propiciar o arcabouço institucional no qual um homem idoso – o "homem de 2 milhões de anos" – possa florescer. A tarefa essencial da nova *politeia* é descobrir uma regra de vida que reconcilie natureza e cultura, selvageria e civilização. Qual pode ser o ideal norteador desse modo de política distinto?

UM SELVAGEM MAIS EXPERIENTE E MAIS SÁBIO

> *Embora não estejamos tão decadentes, hoje em dia, e não possamos mais viver numa gruta ou numa tenda indígena, ou nos vestirmos de peles, é, sem dúvida, bem melhor aceitarmos as vantagens, ainda que adquiridas a preço muito elevado, que a invenção e a indústria humanas oferecem. Num bairro como esse, tábuas, telhas, cal e tijolos são mais baratos e mais acessíveis do que grutas adequadas, toras inteiriças, ou cortiça em quantidades suficientes, ou mesmo argila de boa qualidade, ou pedras lisas [...] Com um pouco mais de tino, podemos usar esses materiais de modo a nos tornarmos mais ricos do que os mais ricos agora são, e fazer de nossa civilização uma bênção. O homem civilizado é um selvagem mais experiente e mais sábio.*
>
> Henry David Thoreau[1]

A civilização moderna sobrevive consumindo energia além do possível, sem saber por quanto tempo resistirá. O dia do seu ajuste de contas aproxima-se rapidamente. Se quiser sobreviver, deve se inspirar num novo ideal, que renuncie à aquisição material ilimitada e converta a necessidade de viver dentro de nossos meios ecológicos em virtude. Antever essa nova civilização em detalhes exigiria outro livro, mas seu

---

1 Henry David Thoreau, *Walden and Other Writings*, Nova York: Bantam, 1962, pp. 134-5.

espírito essencial é proclamado sucintamente na epígrafe deste capítulo: "o homem civilizado é um selvagem mais experiente e mais sábio".

À primeira vista, a afirmação de Thoreau parece paradoxal. Sem dúvida, o ponto central da civilização, ao menos quando normalmente concebemos isso, é superar e até repudiar a selvageria. O que significa ser um selvagem mais experiente e mais sábio? E como isso é a chave para fazer de nossa civilização uma bênção?

Outros trechos de *Walden* começam a solucionar o paradoxo. Após se dar conta de que os moradores de Concord pareciam estar "fazendo penitência", em vez de viver de verdade, Thoreau disse uma frase memorável: "a maioria dos homens leva uma vida de silencioso desespero".[2] Eles buscam "o supérfluo", em vez de "uma vida de simplicidade, independência, magnanimidade e confiança".[3] A simplicidade material, Thoreau afirma, não é só a cura do silencioso desespero. Também é pré-requisito para a abundância espiritual:

> A maioria dos itens supérfluos, e muitos dos supostos confortos da vida, além de não indispensáveis, são estorvos para a elevação da humanidade. Com respeito aos itens supérfluos e confortos, os mais sábios sempre levaram uma vida mais simples e parca do que os pobres [...]. Ninguém pode ser um observador imparcial ou sábio da vida humana a não ser da posição favorável que devemos denominar pobreza voluntária.[4]

Em resumo, "um homem é rico na medida do número de coisas de que é capaz de abrir mão".[5]

Apesar de sua predileção por "wildness" (selvageria), Thoreau não tinha em mente que voltássemos a vestir peles ou a viver em

---

2   *Ibid.*, pp. 108, 111.
3   *Ibid.*, p. 116.
4   *Ibid.*, p. 115.
5   *Ibid.*, p. 166.

grutas e tendas indígenas. A nostalgia pela condição primitiva perdida é inútil. A civilização veio para ficar e traz importantes vantagens materiais, psicológicas, políticas, morais e até espirituais. Infelizmente, até agora, carecemos em geral da "sagacidade" de criar o tipo certo de civilização. Assim, essas vantagens foram "adquiridas a preço muito elevado". Tentamos vaidosa e tolamente ser civilizados em oposição à natureza – não só ao mundo natural, que é a matriz da vida humana, mas também à nossa própria natureza selvagem interior. Portanto, devemos criar uma civilização que transcenda a selvageria, sem nos opormos a ela.

Esse diagnóstico e essa prescrição não serão prontamente aceitos, pois nosso hábito mental inclui supervalorizar a civilização e denegrir a selvageria. No entanto, temos muito a aprender e a ganhar ao nos tornarmos selvagens mais experientes e mais sábios. É muito fácil esquecermos que a civilização tem apenas 5 mil anos, que a raça humana, definida em termos gerais, existiu durante mais de 99% de sua história em selvageria, que todas as principais invenções e inovações da civilização foram feitas por selvagens, e que esses nossos ancestrais não eram brutos, mas cientistas, filósofos, poetas e artistas que criaram a cultura humana. As pinturas nas cavernas de Altamira e Lascaux testemunham que não somos mais avançados que os nossos ancestrais primitivos – "não inventamos nada", Pablo Picasso afirmou após sair de Lascaux –,[6] mas apenas mais poderosos (e, em certos aspectos, mais "experientes"). O fato de não nos darmos conta disso deve-se à devastação do tempo e à arrogância, que só lentamente vem sendo dissipada, à medida que arqueólogos, antropólogos e historiadores especializados em pré-história documentam as realizações extraordinárias de nossos antepassados.

---

6   *Apud* John Lichfield, "Six Months to Save Lascaux", *The Independent*, Reino Unido, 12 jul., 2008. Ver também Gregory Curtis, *The Cave Painters*, Nova York: Knopf, 2007.

De modo algum é reacionário preconizar uma selvageria mais experiente e mais sábia como solução ao apuro da civilização moderna. Ao pregar a redescoberta e a reafirmação de nossa natureza humana original, podemos aprimorá-la com tudo o que aprendemos sendo civilizados e, portanto, nos tornarmos "mais ricos do que os mais ricos agora são".

Isso não exige que copiemos o estilo de vida selvagem, mesmo se fôssemos capazes disso, agora. Nossos ancestrais primitivos não eram angelicais. Como a natureza humana é bastante imperfeita, todas as formas de associação humana também o são. A questão é que a civilização moderna fez a humanidade se afastar tanto de sua condição natural, de modo físico e psicológico, que os piores aspectos da natureza humana predominam. Hoje em dia, as armas de Aristóteles em favor da sabedoria e da virtude são empregadas quase exclusivamente para finalidades opostas.

O antídoto para a megalomania da vida moderna é encontrado na visão de mundo selvagem. Aqueles a quem chamamos de selvagens, afirma o antropólogo Claude Lévi-Strauss, podem nos dar "uma lição de modéstia, decência e discernimento, em face de um mundo que precedeu nossa espécie e que sobreviverá a ela".[7] Os selvagens podem ser predadores, mas são predadores humildes e respeitosos. Entendem que são apenas uma pequena parte da criação e que estão ligados de modo profundo e inevitável com o cosmos, com o mundo natural, com os seus semelhantes e, até, com sua presa, por meio do vínculo de Eros. A perda desse entendimento tornou o homem moderno singularmente perigoso e destrutivo. Portanto, devemos ressuscitar Eros.

Para reafirmar isso em termos weberianos, aqueles que vivem por meio da caça e da coleta habitam um mundo encantado, em que a verdade, a beleza, a bondade e a justiça são vistos como imanentes a ele. Além disso, a natureza não só impõe limites intrínsecos à cobiça

---

7   *Apud* Morris Berman, *The Reenchantment of the World*, Ithaca: Cornell University Press, 1981, p. 235.

e ao egoísmo humanos, mas também encerra valores inerentes que se opõem à cobiça e ao egoísmo. O desencantamento do mundo, na esteira das revoluções científica e industrial, eliminou esses limites e destruiu esses valores, deixando a humanidade "livre" para perseguir a riqueza e o poder sem escrúpulos ou constrangimentos. Se voltarmos a encantar o mundo, inventando um novo estilo de vida baseado em Eros, nossos ancestrais selvagens serão nossos professores mais importantes. Eles encarnam o conhecimento que é a cura essencial para a doença da civilização: a "lição de modéstia, decência e discernimento". Podem nos mostrar como assentar a vida humana outra vez sobre valores naturais de humildade, moderação e ligação.

Ao mesmo tempo, precisamos admitir que muito, em nossa natureza selvagem, precisa ser sublimado. Reduzamos uma situação complexa à sua essência: ainda não tivemos êxito em nos tornarmos verdadeiramente civilizados porque ainda somos predadores de coração.

O estilo de vida selvagem está enraizado na caça. Isso não deprecia a importância da coleta ou do papel das mulheres na economia primitiva. No entanto, muito antes do surgimento das assim chamadas culturais patriarcais, o *éthos* da caça era central para a vida humana. Embora a ascensão da civilização eliminasse a caça como modo de existência, não aboliu a predação como estilo de vida. Em vez disso, hoje em dia, o homem civilizado fez dos outros homens suas presas, apossando-se de terras e povos inteiros para se alimentar.

Aristóteles justificou o imperialismo como uma extensão da caça. Chamando a guerra de um "modo natural de aquisição", ele afirmou: "a caça deve ser praticada não só contra animais selvagens, mas também contra seres humanos". Da mesma forma que a natureza deu animais ao homem como presa legítima, alguns homens "são destinados pela natureza a serem governados por outros", e as guerras de escravização são, portanto, "naturalmente justas".[8] Assim, o imperialismo e a

---

8   Aristóteles, *The Politics*, Mineola: Dover, 2000, I, VIII.

escravidão das civilizações antigas eram uma continuação do modo pré-civilizado de existência por outros meios, que constituíam uma perversão, em vez de uma sublimação, do instinto de caça.

Embora não dependa da escravidão, a civilização moderna é igualmente perversa, se não for mais. O desenvolvimento econômico é sinônimo de pilhagem do tesouro da natureza, e a economia política moderna depende da escravidão por energia. Munido de tecnologias poderosas, o homem moderno é, portanto, um predador mais agressivo, rapace e impiedoso do que o selvagem. Geralmente, esse fato é ocultado pela natureza das economias industriais: os consumidores remotos não são obrigados a participar da matança. Ao contrário de nossos ancestrais selvagens, nós, modernos, geralmente não temos consciência de que somos predadores e, assim, deixamos de tratar nossa presa com respeito ou de reconhecer o dano que causamos. Ainda vivemos por meio da caça, mas agora fazemos isso como vândalos desatentos, e não como selvagens honestos. Portanto, o trabalho real de civilização ainda está diante de nós.

Seria prematuro especificar o arcabouço institucional de uma selvageria mais experiente e mais sábia. No entanto, podemos captar sua essência de forma metafórica. Se o homem primitivo era uma criança dependente da natureza, e o homem civilizado é um adolescente destruidor da natureza, então o selvagem mais sábio será um cônjuge amoroso da natureza. Além de sublinhar a importância decisiva de Eros para o futuro da civilização, essa metáfora (junto com o casamento entre a Virgem e o Dínamo, no capítulo anterior) contém uma política implícita. Ser um cônjuge amoroso implica cuidado, respeito, reciprocidade, cooperação e interdependência.

Essas metáforas também apontam, mais uma vez, para o pensamento político de Jefferson, cujo objetivo era casar o europeu e o índio, ou o civilizado e o selvagem, para criar um estilo de vida equilibrado entre os extremos do primitivismo e da decadência, entre o animal em demasia e a cultura em demasia. Jefferson previu uma política de selvageria mais experiente e mais sábia.

Fez o mesmo Rousseau, cujo pensamento é frequentemente interpretado de modo incorreto, como a preconizar o retorno à inocência primitiva do estado da natureza. No entanto, ele explicitamente nega querer que a humanidade "viva em florestas, com ursos".[9] É verdade que os homens e as mulheres que nasceram livres são agora encontrados acorrentados em toda parte, por todas as razões que Rousseau explica detalhadamente em *The First and Second Discourses* [O primeiro e o segundo discursos], mas a solução não é rejeitar a civilização em si. Ao contrário, "a passagem do estado da natureza para o estado civil produz uma mudança notável no homem, substituindo o instinto pela justiça, em seu comportamento, e dando às suas ações a moralidade que antes lhe faltava".[10] Assim, o estado civil é necessário, se os homens e as mulheres querem ascender acima da selvageria e se tornar seres verdadeiramente morais; em contrapartida, quando a civilização se separa da natureza, torna-se falsa, artificial, imoral e corrupta. Como as cidades são as mais distantes da natureza, são o epítome da corrupção: "as cidades são o abismo da espécie humana".[11]

A solução de Rousseau era tripartite: política, educacional e espiritual. A primeira parte é a mais bem conhecida, e já foi discutida: viver de modo mais simples e natural em comunidades pequenas e interativas, radicadas na terra. Rousseau não propôs isso como uma solução eminentemente prática, mas como um ideal para o julgamento de sistemas reais de governo. Para ele, uma civilização corrupta, repleta de indivíduos imorais, demoraria a se reformar.[12] Além disso,

---

9 Jean-Jacques Rousseau, *The First and Second Discourses*, Nova York: St. Martin's, 1964, p. 201.
10 Idem, *On the Social Contract*, Nova York: St. Martin's, 1978, I, VIII.
11 Idem, *Émile or On Education*, Nova York: Basic Books, 1979, p. 59. Rousseau não está condenando a cidade *per se*, mas as cidades como elas existem numa civilização corrupta.
12 Roger D. Masters, "Nothing Fails Like Success: Development and History in Rousseau's Political Teaching", *University of Ottawa Quarterly*, 1979, 49, nos 3-4, pp. 357-376.

Rousseau afirmou, uma solução meramente política jamais pode tornar homens e mulheres verdadeiramente livres, pois os grilhões reais não são externos, mas internos: "A liberdade não é encontrada em nenhuma forma de governo. Ela está no coração do homem livre".[13]

Assim, a segunda e mais importante parte da resposta de Rousseau é encontrada em *Emílio*, que é um manual de como criar um selvagem urbano:

> Há uma grade diferença entre o homem natural que vive no estado da natureza e o homem natural que vive no estado da sociedade. Emílio não é um selvagem a ser relegado ao deserto. Ele é um selvagem feito para morar em cidades.[14]

Rousseau era uma natureza mística, que participava da visão de mundo selvagem. Assim, a terceira parte de sua resposta era espiritual. Para Rousseau, a terra era uma bíblia, e "a profissão de fé do vigário saboiano", em *Emílio*, é um apelo pela restauração da religião natural – um tipo de animismo purificado –, como forma necessária para religar os seres humanos ao divino.[15] Como Thoreau e Jefferson, Rousseau promulgou a política da selvageria mais experiente e mais sábia.

Thoreau, Jefferson e Rousseau não estão sozinhos ao preconizar a adoção de um modo de existência mais simples e mais natural. Há um tipo de utopia universal que ocorre repetidas vezes na história humana. Algumas das mais conhecidas podem ser vistas no *Tao Te Ching*, de Lao Tsé (sobretudo o capítulo 80); em *A República*, de Platão (sobretudo o livro II); na *Utopia*, de More; em *A tempestade*, de Shakespeare (ato II, cena I); em *Hind Swaraj*, de Gandhi;[16] e em *A ilha*, de Huxley.

---

13   Jean-Jacques Rousseau, *Émile or On Education*, Nova York: Basic Books, 1979, p. 473.
14   *Ibid.*, p. 205; ver também p. 255.
15   *Ibid.*, pp. 266-313, sobretudo pp. 295, 306-7.
16   Ver também Leo Marx, *The Machine in the Garden*, Nova York: Oxford University Press, 1964, pp. 34-72.

Todas defendem um estilo de vida que é material e institucionalmente simples, mas cultural e espiritualmente rico. Parece haver um arquétipo da vida virtuosa alojado fundo na psique humana. De algum modo, sabemos que essa vida seria melhor, mais nobre e mais feliz, mas, até agora, carecemos, em geral, de "sagacidade" para alcançá-la.

Chegou o momento de juntar a individuação com a selvageria mais experiente e mais sábia. Não são objetivos distintos, mas duas maneiras diferentes de falar acerca do caráter básico do avanço requerido em civilização. Como vimos, a civilização, até agora, envolveu o afastamento da instantaneidade da percepção direta, num ambiente predominantemente natural, e a aproximação a uma forma cada vez mais indireta ou mediada de percepção, num ambiente predominantemente artificial. Os estudiosos de epistemologia do Iluminismo, como Bacon e Descartes, levaram ao extremo esse movimento de afastamento da participação mística e de aproximação da abstração intelectual. Renunciaram à participação e a denunciaram em todas as suas formas como armadilha e ilusão, e declararam guerra contra a natureza, considerando-a uma máquina do mundo inerte, a ser explorada sem compaixão ou escrúpulos. O dano causado por essa recusa de ligação com o restante da criação é incalculável. Desligou a raça humana da selvageria exterior da natureza e da selvageria interior da psique – isto é, das origens externas e internas da vida.

A participação envolve uma relação eu-tu com a criação – uma relação pessoal, caracterizada pela instantaneidade e pela intimidade, em oposição a uma relação eu-isso, impessoal e desligada, que mantém a realidade à distância. O selvagem faz parte da natureza em tal grau que a realidade resplandece com significado intrínseco. A vida é percebida diretamente como sendo vital e sagrada, como a visão poética de Blake referente aos tigres flamejando nas florestas da noite. Portanto, os mitos das sociedades primitivas são auxiliares, meros lembretes daquilo que seus habitantes experimentam de forma direta, imediata e contínua, pois estão ligados a toda a criação e, como Blake, eles "Têm o infinito nas palmas das mãos/ E a Eternidade em uma hora".

Conforme a humanidade se afasta da participação primitiva e se aproxima da abstração civilizada, o mito se torna primordial. Em vez de perceberem a infinidade e a eternidade por si mesmos, os homens e as mulheres aprendem acerca delas por meio de histórias e, com isso, ingressam na era mitopoética, que é sinônimo de ascensão da civilização. À medida que a capacidade de ler substitui a cultura oral, os relatos dão lugar aos textos. A religião se baseia, agora, em livros sagrados, e as formas mitopoéticas ou "pagãs", com toda a sua instantaneidade emocional, são marginalizadas. A gente verdadeiramente civilizada tornou-se o "Povo do Livro", e aqueles que se assenhorearam do livro – quer os *Analectos*, a *Bíblia*, o *Corão*, ou a *Torá* – assumiram o controle do rebanho espiritual. Apesar desse enfraquecimento adicional da instantaneidade emocional, a religião, de acordo com as escrituras sagradas, bastou, outrora, para propiciar uma ligação vital com a ordem cósmica. Finalmente, porém, essa ligação atenuada, mas ainda real, foi destruída quando a racionalidade científica, promovida pelo Iluminismo, que tem como seu propósito a construção do conhecimento, subjugou o modo mítico de entendimento, que tem como seu propósito a construção de significado. Essa falta de ligação provoca a vertigem espiritual dos tempos modernos.

Agora podemos perceber que a rejeição do Iluminismo à participação se baseou numa epistemologia imperfeita. A lição básica da ecologia de sistemas é que nosso destino está ligado a tudo o mais na biosfera e que não existimos, e não podemos existir, sem considerar o restante da natureza. A mensagem fundamental da física de partículas é que vivemos num cosmos participativo, em que "qualquer agitação local sacode todo o universo". E o ensinamento básico da psicologia profunda é que nossas mentes individuais são postos avançados de um mundo maior da consciência, de modo que nossos sistemas nervosos e nossas psiques são estruturados para a participação.

Nessa perspectiva, o objetivo maior de uma política da consciência não é simplesmente criar instituições melhores, mas transformar a natureza da civilização. Os povos primitivos do passado participavam de modo ingênuo e inconsciente, muitas vezes afundando em superstição bruta ou no tipo de comportamento que tornou a selvageria quase sinônimo de brutalidade, e os indivíduos excessivamente civilizados do presente se recusam a participar, levando à alienação e à megalomania dos tempos modernos. No entanto, os homens e as mulheres individuados do futuro participarão de novo, como selvagens mais experientes e mais sábios que, conscientemente, integrarão os modos primitivo e civilizado de ser, e, também, os modos estético e científico de entendimento, para criar uma cultura que seja madura de forma epistemológica, ecológica e psicológica.

Ao recuperar a ligação com a natureza, perdida quando deixamos de ser selvagens, a humanidade completará uma jornada evolucionária, iniciada com uma identificação inconsciente com a natureza, passando por uma separação deliberada desta e, finalmente, chegando a uma reidentificação consciente com ela, enriquecida por tudo que experimentamos e aprendemos durante milênios de existência civilizada.

Portanto, enxergo, como Hegel, a dialética da história nos movendo para uma maior consciência. Isso não significa que o progresso rumo a esse fim ocorrerá de forma automática ou sem sofrimento e luta – ou, até, sem reversão temporária. Essas coisas são parte intrínseca do processo dialético. A tensão entre a tese de participação primitiva inconsciente e a antítese de abstração científica deliberada deve, no final das contas, ser solucionada numa síntese: uma participação consciente e sábia na natureza, que torna a mente humana completa.

A dialética hegeliana é análoga à sucessão ecológica. Está na natureza dos sistemas sociais e intelectuais, como os ecossistemas, tornarem-se obsoletos, modificando as condições que os criaram e os sustentaram. Dessa maneira, estágios de consciência sucessivamente superiores tornam-se necessários, levando a civilização a um clímax de maturidade cultural sempre maior.

No fim, simplesmente não há alternativa à revolução da consciência. O progresso real depende, e sempre dependeu, da expansão da consciência, e não da melhoria material. Como Will e Ariel Durant notam: "a única revolução real está no esclarecimento da mente e na melhoria do caráter, a única emancipação real é individual, e os únicos revolucionários reais são os filósofos e os santos".[17] No entanto, a humanidade nunca antes se confrontou com a necessidade dessa profunda revolução da consciência. A raça humana, que inundou o planeta materialmente, não tem a que recorrer, exceto à esfera espiritual. Agora que não podemos mais viver à custa do restante da criação, devemos aprender a viver em harmonia com ela, e essa condição de interdependência harmoniosa exigirá uma cultura madura, que fomente a satisfação interior e o significado intrínseco.

Nem o desafio político central de nosso tempo pode ser satisfeito de qualquer outra forma. A salvação do indivíduo autônomo da derrocada do individualismo egocêntrico exigirá a individuação ou algo assim. Além disso, apenas a revolução da consciência pode ressuscitar Eros e possibilitar que os seres humanos reconciliem sua natureza original com as demandas da existência civilizada – isto é, viver como selvagens mais experientes e mais sábios.

A antevisão da forma eventual dessa civilização não é impossível. Como documentada pelo zoólogo Tim Flannery, nossa situação é análoga àquela dos antepassados dos aborígines australianos e dos índios norte-americanos. Logo que chegaram aos seus respectivos continentes, encontraram recursos virgens, na forma de enormes rebanhos de animais predadores grandes e incautos. Empanturrando-se dessa aparente abundância de riqueza biológica, suas populações explodiram, e eles começaram a viver como consumidores negligentes, acreditando que as riquezas eram ilimitadas.

---

17 Will Durant & Ariel Durant, *The Lessons of History*, Nova York: Simon & Schuster, 1968, p. 72.

No entanto, nem os animais, nem as plantas conseguiram resistir por longo tempo a lanças e queimadas. Quando a superexploração cobrou seu preço, a megafauna foi levada à extinção e a flora diminuiu drasticamente. Assim, a prosperidade foi seguida de uma queda, precipitando um colapso da população humana. Os sobreviventes foram forçados a desenvolver estilos de vida ecologicamente harmoniosos, basicamente por meio do deslocamento de seu foco cultural da esfera material para a espiritual.

Nós também estamos obrigados a fazer transição semelhante, de maneira a descobrir um novo modo de civilização ou a redescobrir um antigo, que permita à humanidade viver em equilíbrio, a longo prazo, com os recursos remanescentes, redirecionando nossas energias para fins não materiais. Infelizmente, nossa situação é mais desafiadora, visto que a civilização industrial recorre a capital geológico finito, em vez de a renda biológica renovável. Assim, qualquer transição tende a ser mais destruidora e, também, mais prolongada.

A incógnita principal envolve quanto de base tecnológica podemos esperar manter quando o subsídio de energia, proporcionado pelo combustível fóssil barato e abundante, diminuir. Supondo que um nível razoável de capacidade tecnológica sobreviva à transição, é possível divisar o caráter fundamental da civilização ecológica: Bali com aparelhos eletrônicos.

Como Bali, a nova civilização será inevitavelmente agrária ou, mais especificamente, de horticultura, pois a agricultura biodinâmica e intensiva em mão de obra maximiza o rendimento em termos ecológicos e, ao mesmo tempo, preserva a fertilidade do solo a longo prazo, algo que os balineses têm feito há séculos. As futuras gerações também devem ser capazes de recorrer a diversas fontes de energia renováveis e a tecnologias sofisticadas, para apoiar os aspectos mais úteis e desejáveis do desenvolvimento econômico, como, por exemplo, a odontologia e as comunicações modernas (embora nem todos acreditem que as comunicações modernas sejam uma bênção genuína).¹⁸ O mais importante é que Bali propicia um modelo inspirador de uma possível cultura futura.

Os balineses são um exemplo primário do que o antropólogo Clifford Geertz chama de involução: o uso habilidoso de recursos limitados para tornar uma cultura mais profunda e mais complexa.¹⁹ Eles imitaram a natureza, movendo-se para um clímax cultural em que a energia é utilizada frugalmente para criar maior riqueza e refinamento. A sociedade balinesa caracteriza-se por uma densa teia de relações sociais, que apoiam e controlam o comportamento social e que, ao mesmo tempo, fomentam uma cultura renomada.

Portanto, os balineses exemplificam, em um grau muito elevado, a receita da antropóloga Ruth Benedict para uma boa cultura.²⁰ Após uma vida inteira dedicada ao estudo de muitas sociedades distintas, Benedict concluiu que as culturas baseadas na reciprocidade e mutualidade são "sinérgicas", pois tendem a promover a felicidade do todo, que é maior que a soma das partes. Essas culturas são objetivamente melhores que as atomísticas, que, em geral, admitem o egoísmo, a competição, a aquisição e a agressão. O *éthos* de um mundo de competitividade selvagem, em que o vencedor leva tudo, produz uma sociedade que concentra poder e lucros nas mãos de poucos e que engendra insegurança generalizada, mesmo entre os vencedores.

---

18 Por exemplo, Thoreau desdenhou da via férrea e do telégrafo. Ver Henry David Thoreau, *Walden and Other Writings*, Nova York: Bantam, 1962, pp. 173-9. E Jung duvidava que os avanços tecnológicos tivessem contribuído para a felicidade humana: "geralmente, são adoçantes enganosos da existência, como, por exemplo, as comunicações mais rápidas, que aceleram desagradavelmente o ritmo de vida e nos deixam com menos tempo do que em qualquer época anterior". Ver Carl G. Jung, *Memories, Dreams, Reflections*, Nova York: Vintage, 1989, p. 236.
19 Clifford Geertz, *Agricultural Involution*, Berkeley: University of California Press, 1963. Ver também Arnold J. Toynbee, *A Study of History*, vols. 1-6, resumido por D. C. Somervell, Nova York: Oxford, 1947, acerca de "simplificação progressiva".
20 Ruth Benedict, "Patterns of the Good Culture", *American Anthropologist*, 1970, 72, nº 2, pp. 320-33.

Além disso, a cultura balinesa é dedicada à beleza. Dizem que todo balinês é um artista. Os balineses também desfrutam de muito tempo livre, que ocupam seguindo suas predileções e empregando seus talentos na busca de fins culturais. Trabalham nos arrozais, entalham máscaras, criam oferendas, participam de rituais, tocam no gamelão, cuidam dos galos de briga, e assim por diante. A sociedade balinesa assemelha-se à sociedade ideal de Karl Marx – uma que "possibilite que eu faça uma coisa hoje e outra amanhã; que cace de manhã, pesque à tarde, cuide do gado ao entardecer, critique após o jantar, se me aprouver, sem que me torne caçador, pescador, pastor ou crítico".[21]

Finalmente, o vilarejo balinês exemplifica a justiça platônica. Como os indivíduos se movem para as funções às quais melhor se adaptam, cada pessoa encontra seu lugar na ordem social e tende a promover a harmonia do todo. Embora o *banjar*, ou conselho do vilarejo, represente o vilarejo e supervisione os assuntos comunais, geralmente a vida balinesa é autorreguladora. As coisas acontecem espontaneamente e por meio de consenso implícito.

As cerimônias de cremação, por exemplo, são o ápice da vida ritual balinesa e requerem preparações elaboradas, muitas vezes se estendendo ao longo de vários anos. Não há chefe, nem contribuição forçada e, tampouco, um manual de organização; no entanto, de alguma forma, a cerimônia ocorre no usual estilo cooperativo balinês. Analogamente, o gamelão não possui maestro, apenas um líder (que segue o bailarino) e os próprios músicos selecionam seus instrumentos, de acordo com suas habilidades. Aqueles sem talento musical fazem sua contribuição para a vida do vilarejo de alguma outra forma.

Politicamente, os vilarejos balineses são bastante independentes da autoridade central. Se os aldeãos capturam um ladrão, eles o matam. Quando a polícia chega para investigar, todos dizem a mesma coisa – "o *banjar* fez isso" –, e o caso vai para a gaveta de ocorrências

---

21 Karl Marx, *The German Ideology*, Nova York: International, 1970, p. 53.

não solucionadas, junto com todos os outros. No geral, as autoridades que representam o governo indonésio aprenderam a não meter o nariz nos assuntos dos vilarejos balineses.

Os balineses não são anjos. Como o tratamento dado aos ladrões indica, eles podem ser violentos,[22] e os homens balineses travam guerras por procuração com galos de briga.[23] No entanto, a sociedade balinesa pode ser um padrão para o pensamento acerca de um estilo de vida futuro, que precisará ter sua raiz no solo. Outros padrões são possíveis. Sob vários aspectos, os *amish* são exemplares e podem ser um modelo mais apropriado para as condições norte-americanas, visto que os arrozais e os campos de trigo são regimes agrícolas muito distintos. No entanto, como Bali manifesta involução, sinergia, beleza, lazer e justiça em grau elevado, dá a impressão de oferecer um modelo adequado.

Um futuro político que seguisse o modelo balinês exigiria uma autoridade geral, mas não haveria necessidade de uniformidade cultural ou religiosa, ou de um controle vertical. Poderia haver um mosaico de culturas que fossem, em grande medida, autônomas. Portanto, a forma da futura governança talvez se assemelhe aos Artigos da Confederação norte-americana ou ao sistema de *millet* do império otomano, em que se concedia grande autonomia às diversas comunidades linguísticas e religiosas, desde que respeitassem a suserania do sultão.

Antes de examinarmos a natureza dessa autoridade, devemos considerar o lugar da cidade numa civilização predominantemente agrária. Por definição, a civilização envolve cidades. No entanto, as cidades se alimentam do excesso de energia que drenam do interior. Quando a energia se tornar escassa e cara, as vastas megacidades de

---

22 Ver também Geoffrey B. Robinson, *The Dark Side of Paradise*, Ithaca: Cornell University Press, 1995.
23 Ver "Deep Play", em Clifford Geertz, *The Interpretation of Cultures*, Nova York: Basic Books, 1977, pp. 412-53.

hoje serão insustentáveis. Como a discussão no capítulo "Física" revela, jamais fará sentido ecológico ou termodinâmico despender imensas quantidades de energia para concentrar energia difusa e, em seguida, enviá-la para conurbações distantes. As fontes de energia renováveis jamais fornecerão a quantidade ou qualidade de energia necessárias para sustentar imensas aglomerações de consumidores. Nenhum montante de "enverdecimento" ou adensamento da cidade moderna pode alterar esse fato brutal.

Uma economia do futuro, apoiando-se principalmente em energia difusa, envolverá necessariamente um modelo descentralizado de povoação, assemelhando-se ao padrão dos tempos pré-industriais. As cidades serão relativamente pequenas e compactas, como as cidades provinciais ou as cidades-estados dos tempos antigos, da mesma forma que as pequenas cidades e os vilarejos também serão densos grupos de prédios cercados por campos e florestas, como os povoados agrícolas tradicionais da Europa e da Ásia.

Um possível modelo do futuro urbano pode ser encontrado nas *arcologias* – palavra-valise que mescla arquitetura e ecologia – de Paolo Soleri. As arcologias são hiperestruturas maquinais, projetadas para alojar populações relativamente grandes e, ao mesmo tempo, minimizar seu impacto ecológico. São uma recriação tecnicamente sofisticada da cidade-estado renascentista ou da pólis antiga, embora em forma mais condensada.

Independentemente da forma assumida, a cidade do futuro deve conter as contradições intrínsecas à vida urbana. Por um lado, as cidades são lugares onde os costumes morrem e onde a política é corrupta; por outro, são locais onde a atmosfera nos torna livres e onde a cultura, em todas as suas formas, é criada. Portanto, a cidade representa um desafio político mais sério do que o vilarejo. Como atesta a história da antiga Atenas, ou da Florença renascentista, a política da pólis ou da cidade-estado pode ser turbulenta, pois é muito grande, complexa e dividida para ser governada por um *banjar*.

Depois que deixamos para trás os pequenos vilarejos, e passamos a considerar um cenário político maior, contendo cidades, os ideais políticos de Thoreau, Jefferson e Rousseau começam a entrar em colapso. Se as cidades exigem princípios de governança diferentes daqueles dos vilarejos, então o mesmo é necessário em relação às coletividades maiores de vilarejos e de cidades. Os pequenos sistemas de governo sempre serão tentados a procurar tirar vantagem ou, até, a apostar na supremacia – isto é, a imitar a carreira de Roma, que começou como vilarejo e acabou como império.

Dessa maneira, alguma forma de poder soberano é indispensável para manter a paz e preservar as leis. Como Hobbes ensina, sem a espada do soberano, nada é capaz de impedir uma descida final a um estado da natureza desagradável e brutal. Esse soberano obedeceria, necessariamente, às regras da política de poder formuladas por Maquiavel e Hobbes, o que significa que ficaria sujeito à tendência usual do poder, de se tornar tirânico e corrupto. Em resumo, o sistema de governo maior não pode ser governado de acordo como os mesmos princípios dos distritos-repúblicas jeffersonianos ou dos vilarejos ao estilo de Bali.

Pode parecer contraditório combinar filosofias políticas antagônicas dentro de um sistema único. No entanto, como o próprio Rousseau afirmou, "as pessoas sempre discutiram acerca da melhor forma de governo, sem considerar que cada uma delas é a melhor em determinados casos, e a pior em outros".[24] Em outras palavras, em política, como em hipismo, há um cavalo que se adapta melhor a cada pista. Rousseau, Jefferson e Thoreau são bons para um sistema de governo pequeno e simples; Hobbes e Maquiavel podem ser os guias necessários para um sistema de governo maior e mais complexo. (De fato, atualmente, o sistema político norte-americano é um pântano disfuncional,

---

24 Jean-Jacques Rousseau, *On the Social Contract*, Nova York: St. Martin's, 1978, III, III.

em grande parte porque seus ideais e suas instituições imperantes, remanescentes de tempos mais antigos e mais simples, são inadequados para o governo de um poder imperial que se estende pelo mundo.) Como observado anteriormente, soluções simplórias, ideológicas, genéricas para problemas complexos são quiméricas e perigosas. Para a civilização sobreviver e, mais ainda, prosperar, nosso pensamento deve se tornar tão sofisticado, flexível e multifacetado quanto nosso mundo.

Na prática, isso significa que, no futuro, qualquer soberano precisará ter seu poder amansado nos termos favorecidos por Locke e Madison, ou por Confúcio e estoicos como Sêneca e Cícero. Se não houver nenhuma surpresa, os últimos parecem preferíveis. As abordagens de Confúcio e dos estoicos, referentes à governança, podem ser mais bem adaptadas àquilo que o historiador William McNeill considera tendência inexorável da norma histórica. Conforme a "plurietnicidade civilizada" substitui gradualmente a "homogeneidade bárbara" no mundo desenvolvido, o provável resultado político é um império multicultural.[25]

Além disso, como a noção confuciana ou estoica de política procede de premissas espirituais, em vez de mecânicas, é mais adequada para se harmonizar com o *éthos* ecológico descrito acima. O pensamento político confuciano é especialmente pertinente. Como observado anteriormente, as metáforas dominantes do pensamento oriental retrataram a natureza como uma teia interdependente, em vez de um regime hierárquico; assim, a filosofia política oriental começa da premissa de que a relação é primordial. Portanto, o desafio da política é assegurar que as relações, de forma generalizada, sejam harmoniosas, e que as autoridades tenham coração – em outras palavras, é criar uma sociedade bem regulada, governada pelo espírito da mutualidade.

---

25 William H. McNeill, *Polyethnicity and National Unity in World History*, Toronto: University of Toronto Press, 1986, p. 83.

Dessa maneira, o pensamento confuciano talvez contenha lições importantes para uma cultura política que precisa reparar um grande desequilíbrio entre direitos pessoais e responsabilidades cívicas.

Paradoxalmente, seguir Confúcio seria retornar à raiz da tradição política ocidental de Platão. Confúcio e Platão tinham visões semelhantes de música, poesia e educação, e o conceito de justiça de ambos é praticamente idêntico, embora expresso de maneiras distintas: a justiça consiste em promover relações sociais que contribuem para a harmonia do todo. Como Platão, Confúcio também acreditava que a verdadeira carreira de vida envolve a perfeição do caráter da pessoa.

Além disso, se prognosticadores como Jean-Marie Guéhenno estiverem corretos ao prever um futuro dominado por redes, então as relações que contornam os limites políticos e os códigos legais correntes se tornarão a nova realidade.[26] Precisaremos encontrar formas de regular essas redes de maneira ética e legal – um apuro parecido com aquele encarado por Confúcio na China antiga.

Sem dúvida, as sociedades agrárias do futuro terão uma visão de mundo compartilhada, baseada numa orientação espiritual definida, mas esta precisará assumir uma forma específica (como a distância entre os mitos e os rituais dos balineses e a escritura sagrada dos *amish* atestam). Independentemente da forma que assuma, a visão de mundo incorporará necessariamente os valores fundamentais do sistema de governo ecológico, ordenados pela natureza: humildade, moderação e ligação. Por sua vez, estes envolverão dois princípios políticos importantes, apoiadores de uma selvageria mais experiente e mais sábia: frugalidade e fraternidade.

Frugalidade não é igual a mesquinhez ou ascetismo. Ser frugal significa ser econômico no uso dos recursos, isto é, parcimonioso, sem

---

26 Jean-Marie Guéhenno, *The End of the Nation-State*, Minneapolis: University of Minnesota Press, 1995. Ver também Alvin Toffler, *Future Shock*, Nova York: Bantam, 1984; e Alvin Toffler, *The Third Wave*, Nova York: Bantam, 1984.

ser avarento. A frugalidade é a arte de fazer o mínimo possível e avançar o máximo possível. A etimologia da palavra *frugal* é reveladora: o termo vem de *frugalior*, que deriva do vocábulo em latim para *fruto*, e denota a qualidade de "útil" ou "valioso". Portanto, condiz perfeitamente com o princípio fundamental da economia ecológica: *usufruto*, que significa o uso e o desfrute da propriedade ou do recurso sem prejudicar ou esgotar seu valor, para que permaneça permanentemente útil.

Na prática, a frugalidade impõe uma transformação total da teoria e da prática econômica. Em vez de economizar trabalho e capital, como no presente, seremos previdentes em relação à natureza. Assim, preservaremos a matéria e a energia com extremo cuidado, utilizando produção intensiva em mão de obra, em associação com tecnologia apropriada, para converter recursos limitados em bens que possuem grande valor de uso.[27]

A frugalidade não é apenas o meio de implantação da moderação e da simplicidade. Também possui importante função política. Como Burke adverte, apenas por intermédio da colocação de grilhões voluntários sobre a vontade e o apetite os homens se qualificam para a liberdade civil. Caso contrário, "suas paixões forjam suas algemas". Em outras palavras, um estilo de vida apetitivo atrai o Leviatã. Além disso, uma ordem social mais frugal tende a ser mais justa. De acordo com Tales de Mileto, "se, numa nação, não existir nem riqueza excessiva, nem pobreza exagerada, pode-se dizer que a justiça prevalece".[28] Também tende a ser mais pacífica: "estou convencido", afirma Thoreau, "de que, se todos os homens vivessem tão simplesmente quanto eu naquele tempo, o roubo e o assalto seriam desconhecidos".[29] Por fim,

---

[27] A tecnologia apropriada (ou intermediária) é eficiente termodinamicamente e inofensiva ecologicamente, além de apresentar efeitos humanos benignos a curto e a longo prazos. Ver E. F. Schumacher, *Small Is Beautiful*, Nova York: Harper & Row, 1973.
[28] *Apud* Goldian VandenBroeck, *Less Is More*, Rochester: Inner Traditions, 1996, p. 83.
[29] Henry David Thoreau, *Walden and Other Writings*, Nova York: Bantam, 1962, p. 119.

uma sociedade frugal pode realmente ser mais propícia ao contentamento do que uma em que os homens e as mulheres perseguem continuamente a felicidade, mas nunca a alcançam completamente. Como Alexis de Tocqueville observou, a mente do norte-americano típico está repleta de "ansiedade", "medo" e "apreensão", por causa de "sua caça inútil daquela felicidade completa, que sempre lhe escapa".[30]

No entanto, a raiz da felicidade é um estilo de vida belo, e não a acumulação incessante. Com o tempo, quando tivermos recriado a civilização em nome de Eros, descobriremos que precisamos de muito menos do que imaginávamos para sermos felizes: "que coisa simples e frugal é a felicidade: uma taça de vinho, uma castanha assada, um pequeno e mísero braseiro, o som do mar [...] Tudo o que se requer [...] é um coração simples, frugal", afirmou Nikos Kazantzakis.[31]

O complemento necessário da frugalidade é a fraternidade, o elemento mais negligenciado da moderna tríade política – *liberté*, *égalité*, *fraternité*. A fraternidade pode ser definida mais simplesmente como "irmandade" – isto é, um sentimento de pertencimento, que une um grupo específico de seres humanos por meio do vínculo de Eros.[32] Em outras palavras, a fraternidade é um reconhecimento do parentesco social, que transcende a biologia, mas que, não obstante, conserva alguma força da ideia de que "o sangue fala mais alto".

As atomísticas sociedades liberais de hoje em dia, junto com suas noções extensas de liberdade pessoal, são o produto de um período anormal e transitório de abundância, viabilizado pela exploração

---

30 Alexis de Tocqueville, *Democracy in America*, Cambridge: Sever & Francis, 1863, II, p. 164.
31 Nikos Kazantzakis, *Zorba the Greek*, Nova York: Simon & Schuster, 1996, p. 80.
32 Embora a palavra *fraternidade* (*fraternity*) tenha conotações predominantemente masculinas em inglês, utilizamos o termo *gêmeas fraternas* (*fraternal twins*) para nos referirmos a gêmeas não idênticas, e parece não haver outra palavra adequada para o propósito, principalmente em virtude de sua longa história de uso na tradição política ocidental. *Comunidade* é uma palavra fraca, que conota o compartilhamento de interesses, e não de sentimentos.

da riqueza descoberta pela humanidade: os recursos virgens do Novo Mundo e os depósitos de combustíveis fósseis intactos.[33] Com o retorno da escassez ecológica, os indivíduos não terão a mesma margem de manobra para seguir seu caminho próprio – existir à parte da comunidade, ou mesmo em oposição a ela, da qual dependerão cada vez mais para a subsistência. Nada menos que o ressurgimento da fraternidade tornará suportável o retorno à escassez. Sem algum sentimento de parentesco, que nos induza a buscar um estilo de vida comum, ou ao menos a aceitá-lo, a resposta à escassez tende a ser hobessiana no pior sentido: uma guerra de todos contra todos, terminando somente com a imposição da ordem por meio de um Leviatã ditatorial.

Uma vez que o liberalismo considera a ordem social solidária restritiva – isto é, inimiga da liberdade –, ignora, ou até desdenha, o aspecto apoiador da fraternidade. No entanto, a fraternidade, sob uma forma ou outra, é uma característica de todas as religiões e de quase todas as utopias; assim, deve corresponder a algum desejo profundo da psique humana. Além disso, é uma característica básica de todas as sociedades primitivas intactas. Dessa maneira, parece ser uma das necessidades arquetípicas mais imprescindíveis da raça humana.

De fato, a crítica comum da sociedade liberal afirma que ela é alienante, isoladora, egoísta e solitária – ou seja, que não é sinérgica, no sentido de Benedict. Como Tocqueville disse a respeito da sociedade norte-americana, numa frase memorável, "ela lança [cada homem] de volta, continuamente, para si mesmo, e, no fim, ameaça encerrá-lo por inteiro na solidão de seu próprio coração".[34] Uma consequência é que os indivíduos e as pessoas jurídicas reivindicam vigorosamente direitos e se esquivam de deveres, ignorando ou suprimindo as necessidades

---

33 Ver William Ophuls, *Ecology and the Politics of Scarcity*, São Francisco: Freeman, 1977, pp. 142-5; e William Ophuls, *Requiem for Modern Politics*, Boulder: Westview, 1997, pp. 29-56, para mais detalhes.
34 Alexis de Tocqueville, *Democracy in America*, Cambridge: Sever & Francis, 1863, II, p. 121.

da comunidade, enquanto lutam por uma fatia maior do bolo, em vez de procurar maneiras de melhorá-lo. O atual sistema de governo, sobrecarregado e emperrado, é o resultado. A fraternidade parece ser a terapia necessária para o egoísmo generalizado da sociedade liberal.

Além disso, uma sociedade fraternal, por sua própria natureza, priorizaria as preocupações e as relações humanas. Portanto, rebaixaria a economia de sua atual posição de ciência principal dos assuntos humanos, tanto para responder aos imperativos ecológicos como para tornar possível a obtenção do que E. F. Schumacher denominou "economia como se as pessoas importassem". Por sua vez, isso promoveria uma política como se as pessoas – e não a propriedade, o poder e os lucros – importassem.

No fim, somente algo como a "convivialidade" de Ivan Illich – como os balineses, nos reunirmos para criar um festival de vida – pode nos permitir viver felizes e bastante bem juntos, depois que as rodas do rolo compressor industrial começarem a desacelerar e pararem. No entanto, o que um estilo de vida mais frugal, fraternal e convivial implica para a *égalite* e para a *liberté*?

Com respeito à igualdade, Tales já forneceu a resposta fundamental: a simplicidade material fomenta a justiça, pois impõe uma igualdade aproximada de condições.[35] Nos tempos modernos, apesar do elogio insincero à igualdade, os países industrializados ricos, afeiçoados ao desenvolvimento econômico, produzem, na realidade, desigualdade numa escala sem precedentes, doméstica e internacionalmente.[36] As atuais sociedades ricas caracterizam-se pela desigualdade radical de pretensos iguais. Em contraste,

---

35 Ver também Jean-Jacques Rousseau, *On the Social Contract*, Nova York: St. Martin's, 1978, xi, sobretudo o segundo parágrafo e a nota referente a ele.
36 Ver William Ophuls, *Requiem for Modern Politics*, Boulder: Westview, 1997, pp. 94-149, sobretudo pp. 136-48, para mais detalhes, e também Jean-Jacques Rousseau, "Discourse on the Origin and Foundations of Inequality among Men", em *The First and Second Discourses*, Nova York: St. Martin's, 1964, pp. 76-228.

as sociedades primitivas se caracterizam pela igualdade real de desiguais naturais, porque a base material da vida não consegue apoiar diferenças significativas de riqueza e *status* entre um indivíduo e outro, e porque a vontade do grupo não permite, em geral, que um de seus membros fique muito "grande". Portanto, a reputação e a influência dependem quase inteiramente das qualidades pessoais.[37]

Assim, a sociedade primitiva impõe a igualdade em termos de riqueza e *status*, mas isso tem o efeito de promover maior individualidade e desenvolvimento de caráter entre seus membros. Retornando ao termo junguiano, como os selvagens não conseguem acumular mais riqueza ou se apossar de mais poder, a única possibilidade de se destacarem é se tornarem individuados – isto é, tornarem-se quem eles realmente são, desenvolvendo suas personalidades e seus talentos nativos o máximo possível. Ao contrário da visão moderna, segundo a qual os povos primitivos levam vidas rigidamente tradicionais e dominadas por tabus, que submergem a personalidade e esmagam a autoexpressão, a literatura antropológica testemunha que a vida selvagem não é menos humana que a nossa. De fato, é, sob vários aspectos, mais plenamente humana.[38]

Dessa maneira, a versão selvagem de igualdade parece ser superior ao nosso tipo de igualitarismo, que permite o mérito, mas desencoraja a excelência. Num grau extremo, a igualdade, como nivelamento,

---

37 William Ophuls, *Requiem for Modern Politics*, Boulder: Westview, 1997, p. 136.
38 Ver Donald W. Oliver, *Education and Community*, Berkeley: McCutcheon, 1976, p. 151, citando Goldenweiser. Ver também Jared Diamond, *Guns, Germs, and Steel*, Nova York: Norton, 2005; Stanley Diamond, *In Search of the Primitive*, New Brunswick: Transaction, 1974; Stanley Diamond (ed.), *Primitive Views of the World*, Nova York: Columbia University Press, 1964; Robin Fox, *The Search for Society*, New Brunswick: Rutgers University Press, 1989; Theodora Kroeber, *Ishi in Two Worlds*, Berkeley: University of California Press, 1961; Claude Lévi-Strauss, *The Savage Mind*, Chicago: University of Chicago Press, 1966; Claude Lévi-Strauss, *Tristes Tropiques*, Nova York: Atheneum, 1974.

implica uma revolução cultural maoísta, que suprime a diferença e a excelência. Em contraste, a sociedade primitiva celebra seus caçadores bem-sucedidos, seus oradores eloquentes, seus bailarinos mais talentosos e seus homens e mulheres habilidosos em medicina, desde que eles não fiquem muito "grandes".

Nos assuntos humanos, a inveja é uma força poderosa, e deve ser convertida para fins que apoiam a individualidade, em vez de destruí-la. O que o mencionado acima sugere é que os habitantes de uma sociedade mais frugal e fraternal chegariam mais perto de satisfazer o ideal de uma igualdade aproximada de condições, embora ainda permitindo algo como o surgimento de uma aristocracia natural a partir do jogo livre da personalidade e do talento. No final das contas, a frugalidade e a fraternidade não se opõem à igualdade genuína: na realidade, elas a tornariam possível.

Com respeito à *liberté*, o preço de viver numa sociedade mais frugal e fraternal é a maior limitação da liberdade individual de ação. No entanto, as aparências enganam. Primeiro, como vimos, essa ordem social não se opõe intrinsecamente à individualidade ou à individuação, mas sim ao egoísmo.

Segundo, embora uma sociedade mais fraternal imponha, necessariamente, obrigações aos seus membros, também proporciona apoio – ao contrário de nossa sociedade, que também constrange as pessoas (mediante forças impessoais de mercado, às quais elas precisam se adaptar), mas as deixa "livres" para afundar ou nadar.

Terceiro, como uma sociedade frugal e fraternal seria mais igual, a liberdade de alguns não implicaria a privação de outros. Não seria um mundo em que, para parafrasear Anatole France, os ricos e os pobres são igualmente "livres" para dormir debaixo de pontes e mendigar nas ruas.

Quarto, liberdade não é licenciosidade. Não há escapatória do dilema de Burke. A escolha não se dá em relação a ter controles sobre a vontade e o apetite, mas sobre onde e como eles devem ser aplicados. O autocontrole interior, praticado por indivíduos morais, é mais propício à liberdade civil do que a compulsão externa de um regime autoritário, que procura em vão preencher um vácuo moral com leis e prisões. No entanto, a moralidade individual não surge espontaneamente. Tirando casos raros de filósofos natos, essa moralidade é consequência de se estar impregnado dos costumes de uma comunidade. Nessa perspectiva, uma sociedade frugal e fraternal, que instituiu a autolimitação cultural sábia e perseguiu uma visão edificante da vida virtuosa, seria amiga da liberdade adequadamente entendida.

Outro movimento hegeliano paira. Liberdade e igualdade são princípios beligerantes, pois a liberdade máxima leva à igualdade mínima, enquanto a igualdade máxima envolve liberdade mínima (tanto quanto a autoridade máxima). A tensão entre essas demandas individualistas pode ser solucionada somente pelo princípio comunal da fraternidade, que sintetiza as duas. Wilson Carey McWilliams começa sua discussão a respeito da fraternidade expressando sua conclusão: "os antigos estavam certos ao considerar a fraternidade como um meio para os fins de liberdade e igualdade".[39]

Finalmente, não podemos mais ignorar o preço sombrio de nossa liberdade jactanciosa: ela repousa sobre um tipo de escravidão – a saber, escravidão por energia, que é a manifestação concreta da escravidão ao apetite que nos impele a escravizar a natureza. Da mesma forma que a riqueza e o ócio que permitiram que Platão e Aristóteles filosofassem foram proporcionados pelas vidas azaradas daqueles forçados a labutar nas minas e nas galés atenienses, também nosso próprio estilo de vida envolve a degradação ou morte de outros seres ou, até, de espécies e biomas completos, sem mencionar a deterioração dos sistemas naturais que suportam todas as coisas vivas, incluindo nós mesmos. Embora aparentemente mais humano, na maioria dos aspectos, do que a escravidão antiga, um estilo de vida baseado na

---

39 Wilson Carey McWilliams, *The Idea of Fraternity in America*, Berkeley: University of California Press, 1973, p. 7.

escravidão por energia deve, no final das contas, também degradar a humanidade. Illich destaca a contradição: "a crise de energia enfoca a preocupação a respeito da escassez de forragem para esses escravos. Prefiro perguntar se homens livres precisam dela".[40]

Lewis Henry Morgan percebeu a contradição, e previu sua resolução há muito tempo. Em *A sociedade antiga*, publicado em 1877, ele afirmou que basear a civilização sobre uma expansão contínua da "propriedade" acabaria se provando "incontrolável" e levaria a humanidade à "autodestruição". Portanto, Morgan anteviu a humanidade se elevando acima de "uma mera carreira de propriedades" e alcançando "o próximo plano superior da sociedade, ao qual a experiência, a inteligência e o conhecimento estão tendendo constantemente. Será o ressurgimento, em forma superior, da liberdade, da igualdade e da fraternidade das antigas gentes".[41]

Aqueles que efetivam esse ressurgimento serão os selvagens mais experientes e mais sábios de Thoreau. A civilização requer um excedente econômico para financiar a especialização e o ócio, condições prévias para a criação de uma cultura refinada. No entanto, como Bali atesta, a obtenção desse excedente precisa não implicar na destruição da natureza, nem na opressão do homem. Os selvagens mais experientes e mais sábios terão a sagacidade de conciliar excelência e equidade, assim como liberdade e dever, e utilizar os nossos recursos tecnológicos para trabalhar com a natureza, e não contra ela, para fazer de nossa civilização uma bênção.

---

40   Ivan Illich, *Energy and Equity*, Londres: Calder and Boyars, 1974, p. 6.
41   Lewis Henry Morgan, *Ancient Society*, New Brunswick: Transaction, 2000, p. 552.

EPÍLOGO **LIBERTAÇÃO VERDADEIRA**

> *Quando a sociedade precisa ser reconstruída, não há utilidade em tentar erguê-la sobre o plano antigo.*
> John Stuart Mill[1]

> *Até onde conseguimos discernir, o único propósito da existência humana é acender uma luz na escuridão da mera existência.*
> Carl Gustav Jung[2]

O Iluminismo procurou curar os cinco grandes males da civilização com mais do mesmo: mais poder, mais agressão, mais exploração, mais abstração, mais alienação. O resultado é a hipercivilização, ou seja, uma condição em que as falhas trágicas da civilização são amplificadas e intensificadas, de modo que se convertam em um motor de destruição, um Moloch autodevorador. Possivelmente, a solução não pode ser ainda mais do mesmo: hipercivilização elevada ao quadrado, por assim dizer. Nesse momento, devemos inventar uma forma de existência civilizada, que não repita os erros do passado e que, ainda assim, incorpore a sabedoria do passado.

No presente somos, ao mesmo tempo, muito civilizados e não civilizados o bastante. Muito civilizados: nossa suposta libertação da natureza nos tornou animais doentes, que sujam seu próprio ninho e desperdiçam sua essência num modo de viver desordenado, sem levar em consideração o sofrimento imposto sobre o restante da criação e a posteridade. Não civilizados o bastante: nossa libertação

---

1   John Stuart Mill, "Coleridge", em John Stuart Mill & Jeremy Bentham, *Utilitarianism*, Nova York: Penguin, 1987, p. 197.
2   Carl G. Jung, *Memories, Dreams, Reflections*, Nova York: Vintage, 1989, p. 326.

imprudente da contenção moral e da autoridade social nos converteu em indivíduos solitários, que não sabem mais por que estão vivendo, ou em que acreditar, ou como se comportar – e que, portanto, existem num estado de silencioso desespero, o que nos deixa expostos a toda forma de contágio psíquico, do vício em drogas ao fanatismo ideológico. Em resumo, a busca imoderada de libertação está fazendo a civilização ir a pique.

O problema reside em nossa noção de libertação, que é perversa. Procuramos escapar das restrições naturais e dos limites externos por meio de sua subjugação, e das restrições sociais e dos controles morais por meio de seu repúdio. Em outras palavras, tentamos viver ilegalmente. Essa é uma estratégia basicamente equivocada para alcançarmos a felicidade individual ou o bem-estar coletivo.

A verdadeira libertação vem de dentro. Rousseau resumiu esse entendimento quando afirmou: "visto que o mero impulso do apetite constitui escravidão, a obediência à lei que alguém prescreve para si é liberdade". Portanto, paradoxalmente, a liberdade real só é alcançável quando obedecemos voluntariamente a alguma lei superior.

Conclui-se que nossa política deve ser reconstituída para refletir esse entendimento. Tendo percorrido o caminho da libertação material e moral até o amargo fim, agora somos obrigados a pegar o caminho do domínio interior, que liberta o espírito humano. Apenas uma política da consciência, enraizada na visão moral da ecologia, pode criar uma civilização digna do nome: uma civilização ecológica, em que a humanidade viva em harmonia com a natureza; uma civilização consciente, em que os homens e as mulheres meçam a riqueza em espírito, e não em propriedades; e uma civilização política, em que "a liberdade, a igualdade e a fraternidade das antigas gentes" possa florescer mais uma vez. Essa seria a verdadeira libertação que o "homem de 2 milhões de anos", que habita as profundezas de nosso ser, constantemente almeja.

NOTA BIBLIOGRÁFICA

A partir do texto e das notas, deve ficar claro o que devo a Platão, Aristóteles, Montesquieu, Rousseau, Burke, Jefferson, Thoreau, Le Bon e Jung. Na maior parte, não há nada mais a ser dito. No entanto, Jefferson e Jung requerem amplificação, pois eles não escreveram sistematicamente acerca de política.

A carreira política de Jefferson consumiu muito de seu tempo e de sua energia, e a inclinação de sua mente era mais prática do que teórica – em vez de tomos sobre arquitetura e educação, ele produziu Monticello e a Universidade da Virgínia –; assim, ele nunca escreveu um tratado político. Em vez disso, difundiu seu pensamento político numa enorme quantidade de cartas e outros documentos. Adrienne Kock compõe um quadro coerente da filosofia de Jefferson, mas Richard K. Matthews chega mais perto de seu espírito radical, e Leo Marx o situa num contexto maior, de uma luta entre duas visões conflitantes do futuro norte-americano. Hoje em dia, Jefferson é um símbolo político vazio. Apenas alguns excêntricos, como o fazendeiro-poeta Wendell Berry, levam suas ideias a sério, e apenas os *amish* seguem um estilo de vida agrário, simples e convivial, como descrito por Berry (em *The Gift of Good Land*), John A. Hostetler, David Kline, Donald B. Kraybill e Marc A. Olshan, e Gene Logsdon. Finalmente, a utopia quase esquecida de William Morris fornece uma indicação daquilo com que uma futura sociedade jeffersoniana talvez se parecesse: uma civilização agrária, tecnologicamente sofisticada, inspirada pela beleza.

Memórias, sonhos, reflexões, de Jung, é uma autobiografia clássica – e a melhor entrada para uma obra vasta e algumas vezes de difícil compreensão. Indo mais fundo, *Psychological Reflections* é uma compilação de excertos que abrangem a maioria dos aspectos do pensamento de Jung. Em seguida, tente dois livros escritos para o grande público – *Modern Man in Search of a Soul* e *O homem e seus símbolos* – e, também, *C. G. Jung Speaking*, que contém seus discursos, artigos e entrevistas, junto com lembranças de amigos e colaboradores. *The Undiscovered Self* é o livro mais político de Jung (ver, também, George Czuczka e Volodymyr Odajnyk para resumos a respeito das ideias sociais e políticas de Jung). Finalmente, *The Earth Has a Soul*, coletânea de escritos de Jung sobre a natureza, revela-o sendo um selvagem mais experiente e mais sábio. Ele foi um intelectual moderno, douto e cientificamente capacitado, e, ao mesmo tempo, um xamã-ecologista instintivo, que buscou inspiração, no mundo exterior, no estado selvagem do mundo natural e, no mundo interior, na psique autônoma.

Anthony Stevens oferece outro acesso a Jung, que tanto o explica como o justifica à luz de descobertas posteriores. Jung deve, sempre, ser lido em conjunção com Freud (sobretudo o Freud de Bruno Bettelheim). Entre os diversos seguidores de Jung, James Hillman é notável pela maneira como situa a fonte da doença individual da civilização moderna na falta da noção de beleza, assim como de uma "ficção de cura". Além disso, as obras históricas de Erich Neumann e os estudos mitológicos de Joseph Campbell, Mircea Eliade, Giorgio di Santillana e Hertha von Dechand, e Elizabeth Sewell apoiam e complementam a abordagem de Jung em relação à psique.

Devo reconhecer aqueles que me precederam na tentativa de achar uma solução para a problemática da civilização industrial. Muitos deles chegaram a uma conclusão similar a respeito da resposta requerida, embora alcançassem essa resposta por caminhos distintos. Por exemplo, Willis W. Harman enxerga a ciência como um instrumento para a descoberta do que é benéfico para a humanidade – não só de forma prudencial, mas também de modo moral e espiritual. Nos mesmos termos, *Consilience*, de Edward O. Wilson, busca a moralidade implícita em nossa natureza biológica, e Roger D. Masters sustenta que levar a sério a biologia nos reconduz a uma concepção mais naturalista e clássica da política, não muito distante daquela de Aristóteles. Fritjof Capra também está próximo, em espírito, de minha própria obra: ele sintetiza os últimos desenvolvimentos em física, ecologia e sistemas, e preconiza uma mudança de paradigma correspondente, mas não lida, de fato, com a política dessa mudança. Num nível mais prático, Herman E. Daly e John Cobb seguem Schumacher e propõem uma economia descentralizada, menor e mais simples, forjada para a escala humana. Da mesma forma, Wendell Berry (em *The Unsettling of America*), Gandhi (ver também Raghavan Iyer a respeito do líder indiano), Václav Havel, Ivan Illich, Leopold Kohr e Kirkpatrick Sale querem reduzir a escala, simplificar os meios e limitar a velocidade da civilização, com o objetivo de torná-la mais sã e humana. Theodore Roszak também preconiza uma vida de simplicidade material e abundância visionária, e William Irwin Thompson prevê um futuro de vilarejos metaindustriais – isto é, Bali com aparelhos eletrônicos e com outro nome. (Nesse caso, *A ilha*, de Huxley, e a utopia de Morris também são pertinentes.) Bill McKibben oferece um caminho para um futuro mais frugal, local e durável, e Warren A. Johnson descreve como podemos trilhar nosso caminho até esse futuro.

    Mudando para a ecologia propriamente dita, Daniel Botkin, Paul A. Colinvaux, Richard Dawkins, Stephen Jay Gould, Mahlon Hoagland e Bert Dodson, Lynn Margulis e Dorion Sagan, Thomas M. Smith e Robert Leo Smith, e Edward O. Wilson (em *The Diversity of Life*) abrangem as bases científicas. James Lovelock fornece a base científica para Gaia, e os ensaios poéticos de Lewis Thomas transmitem o entendimento de que a Mãe Terra não é uma metáfora morta. Os ensaios de Aldo Leopold, publicados em 1949, são a expressão clássica de uma ética ambiental. Para filosofia ecológica, ver Bill Devall e George Sessions, Neil Evernden, John M. Meyer, George Sessions e Donald Worster. Finalmente, a filosofia do processo de Alfred North Whitehead prefigurou a visão de mundo ecológica.

Com respeito ao desafio humano relativo à ecologia, Harrison Brown foi um dos primeiros a advertir que a civilização industrial estava ameaçada pelos limites materiais. *Limits to Growth*, de Donella Meadows, Jorgen Randers e Dennis Meadows, e minha própria obra, *Ecology and the Politics of Scarcity*, estabeleceram os argumentos a favor da escassez ecológica. William R. Catton, David Ehrenfeld, Garrett Hardin, J. R. McNeill, e Mathis Wackernagel e William Rees consolidaram e estenderam esses argumentos. James Lovelock e William F. Ruddiman elucidaram a história, a ciência e o risco da mudança climática. Fred Cottrell estabelece, e Howard T. Odum e Elisabeth C. Odum descrevem, em termos científicos, a base energética da vida e da civilização. Dessa base, os últimos oferecem uma solução para a crise energética iminente em *A Prosperous Way Down*. Nos mesmos termos, Herman E. Daly e Joshua Farley seguem Nicholas Georgescu-Roegen e baseiam a teoria econômica na termodinâmica, para tornar a prática econômica compatível com os limites naturais. John R. Ehrenfeld e James Gustave Speth criticam as imperfeições do ambientalismo e procuram uma alternativa viável a este. Stewart Brand também acredita que o ambientalismo do tipo antigo é obsoleto, e propõe uma terapia radical para os nossos males ecológicos: a geoengenharia. Como é improvável que esta tenha sucesso (aliás, pode muito bem piorar os nossos problemas), um cenário mais provável para o futuro imediato pode ser encontrado no estudo de caso de Julia Wright a respeito de como Cuba lidou com uma crise energética. Seu texto sugere a magnitude do desafio para uma economia desenvolvida, que tem muito mais a perder sem combustíveis fósseis baratos e abundantes. (A descrição de B. H. King a respeito da horticultura tradicional na Ásia oriental também é apropriada.)

Em relação à física, incluí uma seleção representativa de obras de físicos filosóficos – A. S. Eddington, Werner Heisenberg, James Jeans e Erwin Schrödinger – e, também, uma leitura útil de Ken Wilber. De diversas abordagens populares, selecionei uma série – Paul Davies, Freeman J. Dyson, Amit Goswami, Edward Harrison, Roger S. Jones, Michio Kaku, Eric J. Lerner, Lawrence Leshan e Henry Margenau, David Lindley, Heinz R. Pagels, Roger Penrose, e Steven Weinberg – que enfatiza predominantemente o caráter metafórico, platônico e cada vez mais especulativo (ou até místico) da física moderna. A respeito da auto-organização e da sabedoria dos sistemas, Gregory Bateson e Erich Jantsch são os pioneiros em nível macro, e Ilya Prigogine, em nível micro. A dinâmica de sistemas é claramente explicada em *Thinking in Systems*, de Donella Meadows, e belamente exemplificada na versão atualizada de *Limits to Growth*, de Meadows *et al*. Os artigos de Charles J. Ryan são complementos excelentes para a obra de Meadows, embora um tanto mais técnicos. Relativamente ao caos e à complexidade, James Gleick realiza um trabalho incrível ao explicar um assunto de difícil compreensão em linguagem clara, mas Mark Buchanan, Jeremy Campbell, John Gribben, Stuart A. Kauffman, Roger Lewin, e M. Mitchell Waldrop dão uma contribuição importante para nosso entendimento a respeito dessa revolução genuína no pensamento científico.

Com referência à psicologia, Otto Rank se junta a Jung na exposição brutal da irracionalidade de uma civilização excessivamente racional, e ambos se somam a Erich Fromm na recomendação a respeito da necessidade de permanecermos ligados ao mundo instintivo, a Eros. Eurípides, um dos poetas antigos que inspiraram Freud, também fala a respeito dessa questão. *As bacantes* é tanto filosofia política quanto drama psicológico. Mostra por que qualquer tentativa de construir uma ordem social puramente racional está condenada ao fracasso. Com respeito à essência da natureza humana, recorri ao resumo excelente de Melvin Konner relativo a uma vasta literatura, mas Ernest Becker, Robin Fox, Anthony Stevens, Frans B. M. de Waal, Edward O. Wilson (em *On Human Nature*), James Q. Wilson e Robert Wright refinam o quadro. (A respeito de selvageria, ver também diversos autores mencionados abaixo, assim como Stephen Budiansky, Vicki Hearne, Mary Midgley e Irene M. Pepperberg em relação à natureza animal.) Sobre a constituição da mente humana, William H. Calvin, Antonio R. Damasio, Howard Gardner, Daniel Goleman, R. L. Gregory, George Lakoff e Mark Johnson, Claude Lévi-Strauss (em *The Savage Mind*), Robert Ornstein, A. T. W. Simeons e Paul Watzlawick são proveitosos, com as popularizações de Goleman sendo um excelente ponto de partida. Julian Jaynes é esclarecedor e importante, mas precisa ser lido com cuidado e com a compreensão de que o mundo antigo ainda era basicamente xamanista (ver os comentadores de Platão mencionados abaixo).

Relativamente à *paideia*, Werner Jaeger é definitivo, mas intimidante; Robert M. Hutchins pode, portanto, ser um ponto de partida melhor. *Homo Ludens*, de Johan Huizinga, é um lembrete útil de que a *paideia* não deve ser uma busca implacável por respostas, mas uma forma superior de recreação. Se quisermos saber o que a *paideia* não é, o ensaio curto e sarcástico de John Taylor Gatto a respeito dos horrores da atual "educação", do tipo linha de montagem, é tanto esclarecedor como doloroso. Morris Berman e Stephen E. Toulmin narram o desenvolvimento da mentalidade moderna: Berman considera a participação renovada como a resposta necessária para o desencantamento do mundo; a história revisionista de Toulmin sugere que teríamos nos saído melhor se tivéssemos baseado a ciência moderna em Montaigne, e não em Descartes, pois isso teria nos levado mais cedo a uma visão de mundo ecológica. Frederick Turner recomenda um renascimento do espírito clássico, enquanto O. B. Hardison Jr. defende a educação estética. Howard Gardner e Charles Murray propõem reformas educacionais que levem em conta maneiras distintas de sermos inteligentes. Thomas S. Kuhn expõe a importância decisiva de paradigmas para a organização do pensamento, e Donella Meadows (em *Thinking in Systems*) converte os paradigmas em pontos de alavancagem básicos para a mudança do comportamento do sistema. *Healing Fiction*, de James Hillman, salienta a indispensabilidade psicológica de uma história que nos oriente no mundo; Ernest Becker, Alasdair MacIntyre e Walter Lippman (em *Public Opinion*) concordam; e Daniel Quinn utiliza histórias para mostrar como histórias diferentes levam a resultados extremamente diferentes.

Os autores que citei como *background* necessário para Platão – Francis M. Cornford, Robert Earle Cushman, E. R. Dodds, Numa Denis Fustel de Coulanges, Eric A. Havelock e Walter J. Ong – merecem ser lidos por outro motivo. Eles revelam um modo de entendimento muito distinto e, portanto, fornecem uma possibilidade para pensarmos acerca da selvageria mais experiente e mais sábia. Da mesma forma, Ann-ping Chin, Trevor Ling, Joseph Needham e Alan W. Watts – e Lao Tsé – mostram mais o modo ecológico de pensamento predominante no Oriente.

Tratando agora do selvagem e do que ele pode ter a oferecer à civilização, *Tristes trópicos*, de Claude Lévi-Strauss – parte autobiografia, parte etnografia –, é antropologia filosófica no que ela tem de melhor. Pierre Clastres também é excepcional a respeito do caráter da política primitiva. Paul Shepard dedicou sua longa e produtiva vida a defender a superioridade do Pleistoceno; uma defesa também feita por Daniel Quinn em forma de história. Contudo, Robin Clark e Geoffrey Hindley, Mark Nathan Cohen e George J. Armelagos, Jared Diamond, Stanley Diamond, Robin Fox, Jamake Highwater, Lewis Hyde, Theodora Kroeber, Dorothy Lee, Calvin Luther Martin, David Maybury-Lewis, Alan McGlashan, Lewis Henry Morgan, Marshall Sahlins e Gordon R. Taylor oferecem perspectivas importantes a respeito do que é o selvagem, e do que ele pode ter a nos ensinar. Para comparação, ver as visões mais preconceituosas de Robert B. Edgerton e Lawrence H. Keeley. A participação é recomendada por David Abram, Owen Barfield e Giambattista Vico (sob a forma de "sabedoria poética"), e, também, por diversos outros autores mencionados acima. Jean Liedloff enfoca a questão crítica da assistência à infância. Ela sustenta que, por não serem mais cuidadas sistematicamente, como é típico nas sociedades primitivas, nossas crianças tendem a crescer como quase órfãos infelizes, movidos por um sentido de privação interior. Finalmente, Tim Flannery revela como nossos antepassados primitivos se adaptaram a um desafio ecológico semelhante ao nosso. (Nesse caso, Julia Wright também é pertinente.)

A respeito de Bali, a partir de uma imensa literatura, selecionei poucas obras: a etnografia, ainda útil, de Miguel Covarrubias e os estudos mais recentes de Fredrik Barth, Clifford Geertz e Stephen J. Lansing. Para evitar ser acusado de uma visão excessivamente utópica, também incluí a descrição de Geoffrey B. Robinson a respeito do lado mais sombrio de Bali (ver também o célebre ensaio de Geertz, "Deep Play", em *The Interpretation of Cultures*).

Acerca da problemática da civilização em geral, as reflexões e as análises de Patricia Crone, Will e Ariel Durant, Johan Huizinga (em *O outono da Idade Média*), William H. McNeill, Pitirim A. Sorokin e Arnold J. Toynbee esclarecem o passado de maneira a pressagiar o futuro. Por exemplo, Crone nos enxerga voltando aos tempos pré-industriais, Toynbee prevê pequenos vilarejos-repúblicas dentro de um mundo-estado, McNeill antevê um império neoconfuciano e Sorokin pressagia um renascimento religioso. A descrição de Karl Polanyi do parto doloroso da moderna economia política adverte a respeito da dificuldade à frente, quando tentamos criar uma civilização ecológica. A teoria de Joseph A. Tainter referente a rendimentos decrescentes na complexidade sugere o motivo pelo qual as civilizações do passado entraram em colapso, enquanto Thomas Homer-Dixon e Geoffrey Vickers discutem os problemas, os custos e as contradições específicas que, agora, ameaçam a civilização industrial. (Nesse caso, Harrison Brown e outros mencionados acima, associados ao tema escassez ecológica, também são pertinentes.)

Para concluir com política, como mencionado no prefácio, recorri aos assim chamados clássicos, e não aos autores contemporâneos, para justificar minha posição, pois acredito que essas obras mais antigas oferecem *insights* mais profundos e respostas melhores para o desafio da escassez ecológica. No entanto, Hannah Arendt, Walter

Lippman, Alastair MacIntyre, Wilson Carey McWilliams, Michael J. Sandel e Sheldon S. Wolin são complementos excelentes para meu próprio argumento. Cada um deles considera o liberalismo norte-americano como filosoficamente incoerente e moralmente deficiente. Nos mesmos termos, Jacques Ellul e Langdon Winner mostram como a tecnologia sem travas capturou o processo político. Louis Dumont é um corretivo útil para nossa aversão democrática instintiva à hierarquia. A ideia de que os seres humanos podem precisar de condicionamento benigno também inspira resistência intensa, mas, como B. F. Skinner assinala, já estamos completamente condicionados, não de maneiras propícias à felicidade individual ou à paz social. Daniel J. Boorstin e Marshall McLuhan sustentam o mesmo com respeito à mídia. Ela existe para fazer lavagem cerebral em nós (e de modo inevitável, afirma McLuhan) – daí a necessidade de uma *paideia* libertadora.

Para encerrar com uma observação de realismo político, tenho consciência de que minha visão de uma política da consciência não é o único resultado possível. De fato, pode nem mesmo ser o mais provável. Por todas as razões explicitadas em Barrington Moore Jr., Reinhold Niebuhr, George Orwell, John Robb e Barbara W. Tuchman (sem mencionar Tucídides, Tácito, Maquiavel e Hobbes), a história pode tomar um rumo muito diferente e, talvez, muito menos benigno. Será preciso excepcional visão, muita coragem e extraordinária "sagacidade" para realizar uma transição do Titanic para uma embarcação menor, mais simples e mais modesta.

ÍNDICE REMISSIVO

A

Acton, lorde (John Dalberg-Acton), 21, 158
Adams, Henry, 189
Adams, John, 37, 180
África, 139
Água, 87, 138-9
Alexander, Christopher, 130, 182
Altamira, 199
Amish, 212, 216, 229
Arcologias, 213
A República, 17, 145-51, 162, 204. Ver também Platão
    como experiência de pensamento, 146-7
    como programa político, 146-47
    e dificuldade de entendimento, 145-7
Aristocracia natural, 125, 177-9, 222. Ver também Elite
Aristóteles, 24, 31, 46-7, 94, 102, 105, 132, 160, 179, 200-1, 223, 229, 231
    e caça, 201
    e caráter, 179
    e conhecimento, 46-7
    e costumes, 31
    e metáfora, 102, 132
    e natureza humana, 94, 105, 200
    e regra de vida, 24, 102
Arquétipos. Ver Jung, Carl G.
Arquitetura, 17, 92, 182-4, 213. Ver também Alexander, Christopher
Arthur, Brian, 100
Artigos da Confederação, 212
Ataturk, Mustafa Kemal, 160
Auto-organização, 57, 73-6, 80, 233

B

Bacon, Francis, 48, 51, 136, 205
Bali, 137-8, 209-12, 214, 224, 231, 236
    agricultura em, 137-8
    beleza em, 210-1
    justiça em, 211-2
Bateson, Gregory, 76, 123-4, 137, 144, 233
Beleza, 55, 61-2, 89, 115, 125, 127-31, 134-5, 150, 165, 189, 211-2, 229-30
Benedict, Ruth, 210, 219
Berlin, Isaiah, 103
Bettelheim, Bruno, 107, 230
Blake, William, 205
Bloom, Allan, 147

Botkin, Daniel B., 57, 231
Buchan, James, 127
Budismo, 145, 188
Burke, Edmund, 33, 37, 61, 94, 160, 174, 217, 222, 229

C

Campbell, Jeremy, 50, 233
Cérebro humano, 71-2, 92, 98, 100, 102, 111, 118, 131
Churchill, Winston, 17
Cícero, 39, 215
Cidade, 20, 22, 130-1, 146-7, 166, 169, 204, 212-5
Ciência, 163. *Ver também* Ciência principal; Epistemologia
Ciência principal, 63, 65, 163, 220
Civilização, males da, 22, 227
Cognição humana, 57-58, 71, 76, 96-7, 100-4. *Ver também* Cérebro humano; Metáfora; Natureza humana
  como irracional, 101-2
  limites da, 96-104
  ponto forte da, 100
Complexidade (sistemas adaptativos complexos), 50, 78-9. *Ver também* Teoria do caos
Confucionismo, 40, 188, 215-6
Consciência. *Ver Noûs*; Participação
Convivialidade, 220
Costumes, 31, 36, 38, 93-4, 105, 157, 172-4, 187, 222-3. *Ver também* Direito natural; Ética; Moralidade
  como base de sistema de governo, 157, 172-4, 222-3
  como decisivos para o bom comportamento, 31, 36, 38, 93-4, 105
  e religião, 187
Crescimento exponencial, 81, 83
Crick, Francis, 72
Custos termodinâmicos, 84-8. *Ver também* Entropia; Termodinâmica
  como tributo cobrado nas transações humanas, 84-5
  internalização dos, 86-8

D

Darwin, Charles, 73, 181-2
Dawkins, Richard, 98, 231
Democracia. *Ver* Participação
Descartes, René, 48, 51, 65-6, 205, 234
Descentralização, 191-2
Desmoralização, 21, 23-5, 34-7, 41, 151. *Ver também* Racionalismo
  consequências políticas da, 24-5, 36-7, 41
Direito natural, 14, 24, 26, 39-41, 46-7, 195. *Ver também* Ética; Moralidade
  definição, 39-40
Direitos civis. *Ver* Liberdade
Doença psicossomática, 111
Dominação, 49, 51, 136
Dostoiévski, Fiódor, 102, 117, 150
Durant, Will e Durant, Ariel, 35-6, 208, 236
Dyson, Freeman J., 70, 233

E

Ecologia, 13-4, 26, 41, 45, 47-9, 51, 53-9, 60-1, 63, 70, 76, 78, 80, 86, 88, 92, 99, 118, 136-7, 154-5, 158,

163-4, 180-3, 186, 189, 193-4, 206, 213, 228, 231-2. *Ver também* Ecossistema clímax; Ecossistema pioneiro; Escassez ecológica; Sistemas
como modelo de pensamento político, 181-3, 189
e Gaia, 55-9, 154-5, 163, 193-4
e homem ecológico, 136-7
e mutualismo, 51, 55, 86
e simbiose, 54-5, 206
visão moral de, 189, 228
Ecossistema clímax, 52-3, 55, 62, 86. *Ver também* Ecossistema pioneiro
como modelo para política, 52-3, 62
Ecossistema pioneiro, 52, 86. *Ver também* Ecossistema clímax
Eddington, A. S., 69-70, 232
Educação, 31, 100, 124-5, 131-44, 150, 152-3, 165, 173, 178-9, 216, 229, 234. *Ver também Paideia*; Piaget, Jean
como instrução, 124-5
e capacidade humana, 143-4
em ecologia e sistemas, 135-44
reforma da, 135, 152-3
Einstein, Albert, 16, 46, 69, 77, 89, 91, 101, 107, 133
Elite, 22, 125-7, 143-4, 152, 167-8, 177-8, 180. *Ver também* Aristocracia natural
Energia, difusa *versus* concentrada, 86, 213
Entropia, 56, 84-5. *Ver também* Termodinâmica
Entropia moral. *Ver* Moralidade
Epistemologia, 26, 41, 46-7, 59, 63, 65-6, 68-70, 83, 101, 124, 127, 147-8, 154, 161, 163, 192, 205-6. *Ver também* Mentiras nobres; Metáfora; Racionalismo
e irracionalidade, 124
e mentiras nobres, 47, 147-8
e metáfora principal, 63, 65-6, 101, 154, 161, 163
e relação com a realidade, 59, 68-70, 83
revolução do século XX em, 26, 41, 46, 66, 192, 206
Equilíbrio, 13, 19, 49, 52-3, 56, 75, 81, 94, 114, 134-6, 142, 190, 209
Eros, 115-6, 189-90, 200-2, 208, 218, 233
Escassez ecológica, 13-5, 158, 166, 191, 194, 219, 232, 236. *Ver também* Ecologia; Termodinâmica
Escravidão, 157, 171, 194, 202-3, 223-4, 228
pela energia, 202-3, 223
pelo apetite, 157, 171, 223
Estágio operatório concreto. *Ver* Piaget, Jean
Estágio operatório de sistemas, 143, 152. *Ver também* Piaget, Jean
Estágio operatório formal. *Ver* Piaget, Jean
Estoicismo, 187-8, 215
Estoques de capital, 86-9, 88, 137, 166, 193, 209. *Ver também* Fluxos de renda
Ética, 15, 41, 46-7, 49, 51, 53, 60, 63, 80, 89, 106, 115, 118, 127, 151, 161, 189-90, 216, 231. *Ver também* Costumes; Direito natural; Moralidade

Euclides, 66, 106
Eurípedes, 108
Evolução, 33, 40, 55, 57, 61, 73, 76-7, 92, 96, 98, 109-11, 154, 191
  da mente humana 109-10
  em seres humanos, 92, 98
Excesso e colapso, 75
Experimento de prisão de Stanford, 94

F

Falsa consciência, 162-3
Feynman, Richard P., 70
Filósofos. *Ver* Iluminismo
Física, 14, 17, 23, 26, 41, 47, 62, 65-71, 73-4, 76-7, 80, 88, 91-2, 98, 102, 107-9, 111, 118-9, 127, 132, 135, 143, 206, 213, 231-3
  como não mecânica, 66-9
  como platônica, 69-70, 73, 80
Fitzgerald, F. Scott, 99
Flannery, Tim, 208, 236
Florestas, 56, 86, 137, 169, 203, 205, 213
Fluxos. *Ver* Fluxos de renda
Fluxos de renda, 85-88, 209
Fraternidade, 19-21, 165, 176-7, 216, 218-20, 222-24, 228
Freud, Sigmund, 48, 91-2, 104, 107-8, 112-3, 230, 233
Froude, James Anthony, 19
Frugalidade, 177, 216-8, 222. *Ver também* Simplicidade

G

Gaia. *Ver* Ecologia
Galbraith, John Kenneth, 170
Gandhi, Mohandas, 153-4, 204, 231
Gardner, Howard, 152, 234

Geertz, Clifford, 210, 236
Gleick, James, 76-7, 80, 233
Goethe, Johann Wolfgang von, 100
Gould, Stephen Jay, 77, 231
Governo, 14-6, 24-5, 34-5, 37-8, 41, 62-3, 118, 149, 151, 157-62, 165, 167-9, 171-3, 176-9, 180, 182-4, 187, 194, 203-4, 212, 214-6, 220. *Ver também* Política
  baseado em opinião, 161-2
  como mal necessário, 159
  papel do, 157-62
  tamanho e complexidade do, 161-2, 165, 167, 179
Grande Inquisidor, 102, 117, 150
Gratificação material, como razão de ser da economia política, 38-9, 151
Grécia Antiga, 35, 145
Guéhenno, Jean-Marie, 216

H

Haldane, J. B. S., 54
Hamilton, Alexander, 174-5, 178
Hegel, Georg Wilhelm Friedrich, 207, 223
Heisenberg, Werner, 69-70, 80, 232
Hillman, James, 128-9, 230, 234
História, 25-6, 39, 67, 72, 76, 95, 102-4, 110, 150-1, 154-5, 163, 174, 192, 199, 204, 207, 213, 232, 234-5, 237. *Ver também* Mentiras nobres; Metáfora; Mito
Hitler, Adolf, 162
Hobbes, Thomas, 14, 17, 25, 35-9, 102, 182, 187, 191, 194, 214, 237
Homem de 2 milhões de anos. *Ver* Jung, Carl G.

Homem econômico, 52, 137
Homeostase. *Ver* Equilíbrio
Húbris, 21, 39, 48-9, 51, 80, 86, 88, 95, 127, 147
Hume, David, 161
Humildade, 49, 51, 81, 88, 106, 136, 143, 153, 186, 189, 201, 216
Huxley, Aldous, 204, 231

I

Ideias. *Ver* Platão
Ideologia, 26, 39, 103, 129, 146, 147
Igualdade, 19-21, 165, 176-7, 220-4, 228
    em sociedades primitivas, 220-1
Illich, Ivan, 220, 224, 231
Iluminismo, 21, 24-6, 40-1, 48, 105, 107-8, 151, 188-90, 200, 205-6, 227
    e mudança, de Virgem para Dínamo, 189-90
    e progresso, 105, 151, 188
    e religião, 23-6, 107-8, 188
    filosofia e visão de mundo do, 21, 26, 40-1, 200, 205-6, 227
Império otomano, 212
Inconsciente coletivo. *Ver* Jung, Carl G.
Individuação. *Ver* Jung, Carl G.
Instintos. *Ver* Jung, Carl G.
Interdependência. *Ver* Inter-relação
Inter-relação, 49, 81, 88-9, 107, 110
Involução, 210, 212

J

James, William, 118
Jantsch, Erich, 76, 233
Jaynes, Julian, 101, 234
Jeans, James, 65-6, 70, 107, 232

Jefferson, Thomas, 174-9, 184-5, 191, 202-4, 214, 229
    e aristocracia natural, 177-8
    e cenário da política, 191, 214
    e distrito-república, 176, 178-9, 184-5, 214
    e educação, 178
    e estilo de vida agrário, 174-6
    e estilo de vida selvagem, 176-7, 202-4
    e não dependência, 174-5
Jung, Carl G., 91-3, 95-6, 104, 107-19, 123, 128-31, 135, 144-5, 150, 154, 165, 195, 204-8, 221-2, 227-30, 233
    e arquétipos, 108-12, 117-9
    e cura espiritual para doenças psíquicas, 113
    e destrutividade humana, 113-4
    e divisão tripartite da humanidade, 144-5
    e Eros, 115-6 (*Ver também* Eros)
    e fraqueza humana, 116-7
    e inconsciente coletivo, 91, 107-8, 110, 113-4
    e individuação, 113-7, 154, 204-8, 221-2
    e instintos, 92-3, 113-6, 130-1
    e mito e religião, 107
    e necessidade de elite, 127
    e o homem de 2 milhões de anos, 92, 95-6, 109, 118-9, 123, 128-30, 150, 165, 195, 228
    e psicologia das massas, 95 (*Ver também* Manias)
    e psique como rizoma, 91, 107
    e psique objetiva, 91, 107-8, 114
    e *therapeia*, 118-9

Justiça, 33-4, 36, 61-2, 94, 111, 146-8, 150, 179, 183, 200, 203, 211-2, 216-7, 220. *Ver também* Platão
   e arquitetura, 183
   e ecologia, 61-2

K

Kant, Immanuel, 105
Kazantzakis, Nikos, 218
Keats, John, 129
Keynes, John Maynard, 17
Konner, Melvin, 93, 106, 132, 233

L

Lao Tsé, 186, 204, 235. *Ver também* Taoísmo
Lascaux, 199
Le Bon, Gustave, 95, 104, 126, 180, 192, 229
Lenin, Vladimir, 160
Lévi-Strauss, Claude, 96, 200, 234-5
Liberdade, 19-22, 24-5, 33-5, 37, 41, 50, 59-61, 134, 151, 157, 161, 165, 168, 170-1, 173-7, 179, 190, 204, 217-24, 228 *Ver também* Libertação; Locke, John
   à luz da ecologia, 61
   como licenciosidade, 24-5, 35, 41
   das antigas gentes, 19-20, 224, 228
   e democracia, 179
   e direitos civis, 190, 222-3
   em conflito com o bem-estar público, 170
   em relação a igualdade e fraternidade, 176-7, 218-24
   na filosofia política liberal, 59-61, 173-4, 219
   perda da, 22, 33-5, 37, 165

Libertação, 23, 48, 227-8. *Ver também* Liberdade
   da natureza, 48, 227-8
   das restrições morais, 228
Limites, 13, 15, 18, 38-9, 49-53, 72, 75, 81, 83, 86, 88, 96, 105, 136, 139, 143, 147, 167, 181, 200-1, 216, 228, 232
   como força criativa, 51-2, 86, 139
Linguagem de padrões. *Ver* Alexander, Christopher
Lippmann, Walter, 187
Locke, John, 17, 38, 125, 17-4, 177-8, 215
Lorenz, Konrad, 108
Lovelock, James, 55, 86, 231-2

M

MacLeish, Archibald, 162, 193
Madison, James, 37, 177, 215
Maneira atemporal. *Ver* Alexander, Christopher
Manias, 23, 104
Manifesto comunista, 146
Maquiavel, Nicolau, 214, 237
Margulis, Lynn, 55, 231
Marx, Karl, 145, 162, 211, 229
Maturana, Humberto, 58
McNeill, William, 215, 232, 236
McWilliams, Wilson Carey, 223, 237
Meadows, Donella H., 140, 164, 232-4
Mente, 16, 35, 37, 57-9, 65-7, 69-72, 74, 76, 78, 80-1, 88, 91-3, 96-100, 102-4, 110, 118, 125, 133, 135, 140, 144, 147-9, 153, 162, 206-8, 218, 229, 234. *Ver também* Cognição humana

como inerente em matéria, 65-7, 69-70, 76, 80-1
e *noûs*, 57-9, 70, 74
Mentiras nobres (ficções), 144-5, 147-51, 160, 164. *Ver também* História; Metáfora; Mito; Platão
Meritocracia, 125, 178-9, 221. *Ver também* Aristocracia natural
Metáfora, 47, 63, 65-7, 69, 100-2, 110, 124, 132-3, 135, 148-9, 154, 159, 161-3, 174-5, 192-3, 202, 231. *Ver também* Ciência principal; Epistemologia; História; Mentiras nobres
　como decisiva para o entendimento, 100, 110, 132-3, 135
　como marca do gênio, 101-2
　como modelagem de época, 65-7, 124, 161, 192-3
　como ponto forte da mente humana, 101-2
　em Platão, 148-9
　na ciência, 47, 100-2
　poder controlador da, 161-3
Milgram, Stanley, 94
Mill, John Stuart, 158, 227, 233
Mito, 26, 35-6, 102-4, 108, 110-2, 124, 145, 149-54, 205-6, 216. *Ver também* Ciência principal; História; Mentiras nobres
　e a era mitopoética, 205-6
　e mitologemas, 154
　função do, 102-4, 110-2
Modelos. *Ver* Simulação
Moderação, 49, 53, 81, 88, 106, 136-7, 143, 146, 153, 185, 189, 201, 216, 217

Montaigne, Michel Eyquem de, 125, 234
Montesquieu, Charles de Secondat, Barão de, 184-5, 229
Moralidade, 21, 24, 26, 31, 33-8, 40-1, 45-7, 59, 105-6, 153, 157, 173, 203, 223, 231. *Ver também* Costumes; Ética
　base da, 36-8, 45-7
　e entropia moral, 34-8, 105-6
　em animais, 59
　imanente na natureza, 26, 38, 40-1
　na natureza humana, 105-6
More, Thomas, 204
Morgan, Lewis Henry, 19, 224, 235
Mosca tsé-tsé, 139
Mudança climática, 78-9, 232
Mudança social, 192-4
　por osmose, 192
　por revolta, 193-4
Murray, Charles, 143, 234
Mutualismo. *Ver* Ecologia

n

Natureza humana, 36-8, 41, 91-6, 105-6, 108-10, 117, 124-5, 129-30, 132, 159, 163, 185, 194, 199-200, 233. *Ver também* Cognição humana
　como arcaica, 92, 109-10, 129-30
　como predatória, 199
　e moralidade intrínseca, 105-6
　e paixões, 36-8, 108, 117, 124, 159, 185
Needham, Joseph, 186, 235
Neumann, Erich, 116, 230
Newton, Isaac, 65-6, 101
Nietzsche, Friedrich, 45, 95
Noûs. *Ver* Mente

O

Oligarquia. *Ver* Elite
Orwell, George, 194, 237
Otimização, 53, 88

P

Paideia, 106, 119, 123-55, 157, 195, 234, 237. *Ver também* Educação
   como educação estética, 131-6
   como humanidades platônicas, 134-6
Paixões. *Ver* Natureza humana
Paradigmas. *Ver* Ciência principal
Parmênides, 58
Participação, 19, 111, 160, 165, 176, 179, 205-7
   como *participação mística*, 19, 205
   na vida política, 160, 165, 176, 179
Pascal, Blaise, 131, 135, 153, 159
Penrose, Roger, 133, 233
Pensamento oriental. *Ver* Confucionismo; Needham, Joseph; Taoísmo
Percepção, 26, 71-3, 96, 101, 118, 205
Petróleo, 22, 82-3, 87, 142, 167
Piaget, Jean, 97, 143
Picasso, Pablo, 199
Pitágoras, 71
Platão, 15, 17, 62, 66-7, 70-2, 80, 102, 109, 118-9, 135, 143-51, 160, 162, 174, 183-4, 204, 211-2, 216, 223, 229, 234-5. *Ver também* *A República*; Mentiras nobres; *Paideia*
   como místico, 145
   como poeta da política, 148-9
   e *A República*, 145-7
   e arquétipos, 102, 109, 118
   e capacidades humanas, 144-5
   e Confúcio, 216
   e educação em ciências humanas, 135
   e física, 66-7, 70, 80
   e ideias, 70, 80, 109, 118-9
   e justiça, 62, 183, 211-2
   e o mito de Er, 149
Politeia, 106, 157-95
Política, 13-7, 19-26, 34-9, 41, 47, 60, 63, 65, 67, 94, 99, 102, 118, 121-5, 134, 142, 147, 149-51, 153, 155, 157-72, 174, 176-9, 180-8, 190-2, 194-5, 202-4, 206, 213-20, 228-9, 231, 233, 235-7. *Ver também* Governo, Participação
   baseada em ecologia, 180-1
   da consciência, 118, 121-55, 158-95, 197-224, 228, 237
   e economia da suficiência, 166
   e efeito da escassez ecológica, 166, 218-9
   e linguagem de padrões, 182-4
   em relação ao cenário, 171, 176-7, 185-6, 194-5
   e virtudes da simplicidade, 164-6
Pope, Alexander, 16, 160
Prigogine, Ilya, 74, 233
Psicologia, 14, 26, 41, 47, 62, 71, 91, 94-5, 106-7, 111, 118-9, 131-2, 144, 206, 233. *Ver também* Freud, Sigmund; Jung, Carl G.
Psique objetiva. *Ver* Jung, Carl G.

Q

Qualidade, 49, 51-2, 57, 74-5, 83-6, 99, 128, 132, 134-5, 137, 177, 197, 213
   em ecossistemas, 51-2, 86
   em educação, 132, 134

R

Racionalismo, 24, 35-6, 40, 45-9, 104, 107-8, 123-4, 131, 151-2, 184, 188, 200. *Ver também* Epistemologia; Razão; Sistemas
 como destrutivo, 123-4, 131, 200
 como irracional, 35-6, 40, 46-9, 104, 151, 184
 como tirânico, 152
 em oposição aos instintos e às paixões, 107-8
Rank, Otto, 108, 233
Razão, 21, 23-4, 35-6, 39-40, 46-7, 60-1, 66, 104, 108, 113, 118, 131-45, 150-3, 159, 173-4, 184-5, 188. *Ver também* Epistemologia; Racionalismo; Sistemas
 e as razões do coração, 131-5, 152-3
 em Locke, 174
 em Montesquieu, 184-5
 e o pensamento mitopoético, 152
 reconstituição da, 135-43
Religião, 19-21, 23, 25-6, 36, 45, 102, 107-8, 123, 137-8, 150, 154, 186-90, 204, 206
Religião civil. *Ver* Religião
 como base necessária para sistemas de governo, 187-91
 ecologia como base da, 189
 em Freud, 107-8
 noções distintas de, 187-8, 206
Rendimentos decrescentes, 167, 236
Revolução Francesa, 37, 172
Robb, John, 191, 237
Rousseau, Jean-Jacques, 15, 150, 157, 168-75, 177-8, 184-5, 187, 191, 202-5, 214-5, 223, 228-9
 e aristocracia natural, 177-8
 e cenário da política, 191, 214-5
 e costumes, 172, 202-4
 e escravidão ao apetite, 223
 e fé civil, 187
 e liberdade, 157, 172-5, 185
 e religião natural, 203-5
 e selvageria mais sábia, 203-5
 e vontade geral, 157, 168-74
Rukeyser, Muriel, 102

S

Sade, marquês de, 36, 187
Sahel, 138-9
Schiller, Friedrich, 134
Schrödinger, Erwin, 66, 69-70, 102, 233
Schumacher, E. F., 220, 231
Selvagem, 19-20, 68, 93, 95-9, 130-1, 137, 139, 176, 197-202, 204-7, 210, 221, 230, 235
 como modelo, 200-1
 como predador, 201-2
 e cognição, 99
 e natureza humana, 199-201
 e percepção concreta, 95-6
 resposta estética do, 130-1
 vida de, 19-20, 95-8, 199-201, 206-7
Sêneca, 215
Servan, J. M. A., 162
Shakespeare, William, 204
Shaw, Robert, 100
Shelley, Percy Bysshe, 149
Sidarta Gautama, 145
Simbiose. *Ver* Ecologia
Simeons, A. T. W., 111, 234
Simplicidade, 154, 164-7, 171, 176-80, 182-6, 198, 217, 220, 231. *Ver também* Frugalidade

em política, 164-7, 171, 176-80, 182-6
Simulação, 78
Sistema de *millet*, 212
Sistemas, 14-6, 22, 24-6, 33-5, 37, 41, 45, 50-4, 57-8, 61-3, 73-80, 84-6, 88, 96, 134, 136-44, 149, 151-2, 157, 159-60, 164, 167-9, 171-3, 177-8, 180-4, 186-8, 191, 194, 203, 206-7, 214, 216, 220, 223, 231, 233-4. *Ver também* Racionalismo, Razão
Skinner, B. F., 174, 237
Slater, Philip, 45
Smith, Adam, 17, 38, 63, 174, 231
Sócrates, 62, 119, 146-51, 154, 194
Soleri, Paolo, 213
Sorokin, Pitirim A., 189, 236
Sublimação, 202
Subsídios agrícolas, 142
Sustentabilidade como oximoro, 14

T
Tácito, Cornélio, 32, 237
Taine, Hippolyte, 31, 160
Tainter, Joseph A., 166, 236
Tales de Mileto, 217, 220
Taoísmo, 186-8. *Ver também* Lao Tsé
Tecnologia, 39, 49, 166, 192-3, 237. *Ver também* Tecnologia apropriada
Tecnologia apropriada, 217. *Ver também* Tecnologia
Teia de Indra, 60
Teoria do caos, 76-7, 80
Termodinâmica, 15, 83-8, 181, 193, 232. *Ver também* Custos termodinâmicos; Entropia
em relação à economia financeira, 84-8, 232
leis da, 15, 83-4, 181, 193
Therapeia, 106, 116, 119, 123, 129, 157, 195
Thomas, Lewis, 57, 132, 231
Thoreau, Henry David, 134, 197-9, 204, 214-5, 217-9, 224, 229
e política, 214-5
e selvageria mais sábia, 197-9, 224
e simplicidade, 197-9, 204, 217-8
Tocqueville, Alexis de, 218-9

U
Unidade estética, 123-5, 129, 131, 155. *Ver também* Beleza
Utopia, 23, 132, 147, 204, 229, 231

U
Virtude, 14, 25, 31-2, 35-8, 41, 48, 94-5, 105-6, 119, 124, 127, 144, 147-8, 150, 157, 164, 166, 172, 175, 177-8, 180, 186, 188, 197, 200. *Ver também* Costumes; Ética; Moralidade
como autoperfeição, 119
como base da política, 35-8, 41, 94-5, 105-6
e aristocracia natural, 177-8
e sabedoria, 119, 124, 127, 148, 157, 164, 186
e vida nobre, 150, 166
rebaixamento da virtude por Hobbes, 14, 25
Visão de mundo mecânica, 41, 46, 60, 67
Voltaire, 21, 187

W

Waldrop, M. Mitchell, 74, 233
Weber, Max, 200
Weinberg, Steven, 129, 233
Western Inscription, 190
Whitehead, Alfred North, 89, 97, 133, 232
Wittgenstein, Ludwig, 72, 103

Y

Yeats, William Butler, 153

Z

Zenão, 45
Zhang Zai, 190
Zimbardo, Philip, 94

REFERÊNCIAS BIBLIOGRÁFICAS

ABRAM, David. *The Spell of the Sensuous*. Nova York: Vintage, 1997.
ALEXANDER, Christopher. *The Timeless Way of Building*. Nova York: Oxford University Press, 1979.
ALEXANDER, Christopher et al. *A Pattern Language*. Nova York: Oxford University Press, 1977.
ARENDT, Hannah. *Between Past and Future*. Nova York: Penguin Classics, 2006.
___. *Lectures on Kant's Political Philosophy*. Editado por Ronald Beiner. Chicago: University of Chicago Press, 1989.
___. *The Human Condition*. Ed. rev. Editado por Margaret Canovan. Chicago: University of Chicago Press, 1998.
ARISTÓTELES. *The Politics*. Trad. para o inglês por Benjamin Jowett. Mineola: Dover, 2000.
AXTELL, James L. (ed.). *The Educational Writings of John Locke*. Cambridge: Cambridge University Press, 1968.
BARFIELD, Owen. *Saving the Appearances*. Nova York: Harcourt, Brace & World, 1965.
BARTH, Fredrik. *Balinese Worlds*. Chicago: University of Chicago Press, 1993.
BATESON, Gregory. *Mind and Nature*. Nova York: Bantam, 1980.
___. *Steps to an Ecology of Mind*. Nova York: Ballantine, 1972.
BECKER, Ernest. *The Birth and Death of Meaning*. 2ª ed. Nova York: Free Press, 1971.
BERLIN, Isaiah. *The Hedgehog and the Fox*. Nova York: Simon & Schuster, 1953.
BERMAN, Morris. *The Reenchantment of the World*. Ithaca: Cornell University Press, 1981.
BERRY, Wendell. *The Gift of Good Land*. São Francisco: North Point, 1983.
___. *The Unsettling of America*. São Francisco: Sierra Club, 1977.
BETTELHEIM, Bruno. *Freud and Man's Soul*. Nova York: Vintage, 1984.
BOORSTIN, Daniel J. *The Image*. Nova York: Vintage, 1992.
BOTKIN, Daniel B. *Discordant*

Harmonies. Nova York: Oxford University Press, 1990.
BRAND, Stewart. *Whole Earth Discipline.* Nova York: Viking, 2009.
BROWN, Harrison. *The Challenge of Man's Future.* Nova York: Viking, 1954.
BUCHAN, James. *Frozen Desire.* Nova York: Farrar, Straus, Giroux, 1997.
BUCHANAN, Mark. *Ubiquity.* Nova York: Three Rivers Press, 2001.
BUDIANSKY, Stephen. *If a Lion Could Talk.* Nova York: Free Press, 1998.
BURKE, Edmund. *Reflections on the Revolution in France.* Nova York: Oxford University Press, 1999.
CALVIN, William H. *How Brains Think.* Nova York: Basic Books, 1996.
___. *The Cerebral Symphony.* Nova York: Bantam, 1989.
CAMPBELL, Jeremy. *Grammatical Man.* Nova York: Simon & Schuster, 1982.
CAMPBELL, Joseph. *The Inner Reaches of Outer Space.* 3ª ed. Novato: New World Library, 2002.
___ & FAIRCHILD, Johnson E. *Myths to Live By.* Nova York: Viking, 1972.
CAPRA, Fritjof. *The Turning Point.* Nova York: Bantam, 1984.
___. *The Web of Life.* Nova York: Anchor, 1997.
CATTON, William R. *Overshoot.* Champaign: Illini Books, 1982.
CHIN, Ann-ping. *The Authentic Confucius.* Nova York: Scribner, 2007.
CLARK, Robin & HINDLEY, Geoffrey. *The Challenge of the Primitives.* Nova York: McGraw-Hill, 1975.
CLASTRES, Pierre. *Society against the State.* Nova York: Urizen, 1977.
COHEN, Mark Nathan. *The Food Crisis in Prehistory.* New Haven: Yale University Press, 1977.
___ & ARMELAGOS, George J. (ed.). *Paleopathology at the Origins of Agriculture.* Orlando: Academic Press, 1984.
COLINVAUX, Paul A. *Why Big Fierce Animals Are Rare.* Princeton: Princeton University Press, 1979.
CORNFORD, Francis M. *From Religion to Philosophy.* Princeton: Princeton University Press, 1991.
___. *Principium Sapentiae.* Cambridge: Cambridge University Press, 1952.
COTTRELL, Fred. *Energy and Society.* Nova York: McGraw-Hill, 1955.
COVARRUBIAS, Miguel. *Island of Bali.* Nova York: Knopf, 1937.
CRONE, Patricia. *Pre-Industrial Societies.* Oxford: Oneworld, 2003.
CUSHMAN, Robert Earl. *Therapeia.* New Brunswick: Transaction, 2002.
CZUCZKA, George. *Imprints of the Future.* Washington: Daimon, 1987.
DALY, Herman E. & COBB, John. *For the Common Good.* Boston: Beacon, 1989.
___ & FARLEY, Joshua. *Ecological Economics.* 2ª ed. Washington: Island Press, 2009.
DAMASIO, Antonio R. *Descartes' Error.* Nova York: Putnam's, 1994.
DAVIES, Paul. *Superforce.* Nova York: Touchstone, 1985.

DAWKINS, Richard. *The Blind Watchmaker*. Nova York: Norton, 1986.

DE BOTTON, Alain. *The Architecture of Happiness*. Londres: Hamish Hamilton, 2006.

D'ENTREVES, A. P. *Natural Law*. Londres: Hutchinson, 1951.

DEVALL, Bill & SESSIONS, George. *Deep Ecology*. Layton: Gibbs Smith, 2001.

DE WAAL, Frans B. M. *Good Natured*. Cambridge: Harvard University Press, 1997.

DIAMOND, Jared. *Guns, Germs, and Steel*. Nova York: Norton, 2005.

DIAMOND, Stanley. *In Search of the Primitive*. New Brunswick: Transaction, 1974.

___ (ed.). *Primitive Views of the World*. Nova York: Columbia University Press, 1964.

DI SANTILLANA, Georgio & VON DECHEND, Hertha. *Hamlet's Mill*. 2ª ed. Jaffrey: Godine, 1992.

DODDS, E. R. *The Greeks and the Irrational*. Berkeley: University of California Press, 2004.

DOSTOIÉVSKI, Fiódor. *The Brothers Karamazov*. Trad. para o inglês por Constance Garrett. Nova York: Signet, 1957.

DUMONT, Louis. *Homo Hierarchicus*. Trad. para o inglês por Mark Sainsbury. Chicago: University of Chicago Press, 1970.

DURANT, WILL & DURANT, Ariel. *The Lessons of History*. Nova York: Simon & Schuster, 1968.

DYSON, Freeman J. *Infinite in All Directions*. Nova York: Harper Perennial, 2004.

EDDINGTON, A. S. *The Nature of the Physical World*. Whitefish: Kessinger, 2005.

EDGERTON, Robert B. *Sick Societies*. Nova York: Free Press, 1992.

EHRENFELD, David. *The Arrogance of Humanism*. Nova York: Oxford University Press, 1981.

EHRENFELD, John R. *Sustainability by Design*. New Haven: Yale University Press, 2009.

ELIADE, Mircea. *The Myth of the Eternal Return*. Trad. para o inglês por Willard R. Trask. Princeton: Princeton University Press, 1971.

ELLUL, Jacques. *The Political Illusion*. Trad. para o inglês por Konrad Kellen. Nova York: Vintage, 1972.

___. *The Technological Bluff*. Trad. para o inglês por Geoffrey W. Bromiley. Grand Rapids: William B. Eerdmans, 1990.

___. *The Technological Society*. Trad. para o inglês por John Wilkinson. Nova York: Vintage, 1964.

EURÍPIDES. *Bacchae*. Trad. para o inglês por Paul Woodruff. Indianapolis: Hackett, 1998.

EVERNDEN, Neil. *The Natural Alien*. 2ª ed. Toronto: University of Toronto Press, 1993.

___. *The Social Creation of Nature*. Baltimore: Johns Hopkins University Press, 1992.

FLANNERY, Tim. *The Eternal Frontier*. Nova York: Grove, 2002.

___. *The Future Eaters*. Nova York: Grove, 2002.

FOX, Robin. *The Search for Society*. New Brunswick: Rutgers University Press, 1989.

FREUD, Sigmund. *Civilization and Its Discontents*. Trad. para o inglês por James Strachey. Nova York: Norton, 1961.

___. *The Future of an Illusion*. Editado por James Strachey. Nova York: Anchor, 1964.

FROMM, Erich. *The Art of Loving*. Nova York: Bantam, 1963.

FUSTEL DE COULANGES, Numa Denis. *The Ancient City*. Trad. para o inglês por Willard Small. Mineola: Dover, 2006.

GALBRAITH, John Kenneth. *The Affluent Society*. Boston: Houghton Mifflin, 1958.

GANDHI, Mohandas. *'Hind Swaraj' and Other Writings*. Editado por Anthony J. Parel. Cambridge: Cambridge University Press, 2009.

GARDNER, Howard. *Frames of Mind*. Nova York: Basic Books, 1993.

GATTO, John Taylor. "The Six-Lesson Schoolteacher". *Whole Earth Review*, outono de 1991.

GEERTZ, Clifford. *Agricultural Involution*. Berkeley: University of California Press, 1963.

___. *The Interpretation of Cultures*. Nova York: Basic Books, 1977.

GEORGESCU-ROEGEN, Nicholas. *The Entropy Law and the Economic Process*. Cambridge: Harvard University Press, 1971.

GLEICK, James. *Chaos*. Nova York: Viking, 1987.

GOLEMAN, Daniel. *Emotional Intelligence*. Nova York: Bantam, 1995.

___. *Vital Lies, Simple Truths*. Nova York: Simon & Schuster, 1985.

GOSWAMI, Amit. *The Self-Aware Universe*. Nova York: Tarcher / Putnam, 1995.

GOULD, Stephen Jay. *Wonderful Life*. Nova York: Norton, 1989.

GREGORY, R. L. *Eye and Brain*. Nova York: McGraw-Hill, 1973.

GRIBBEN, John. *Deep Simplicity*. Nova York: Random House, 2004.

GUÉHENNO, Jean-Marie. *The End of the Nation-State*. Trad. para o inglês por Victoria Elliott. Minneapolis: University of Minnesota Press, 1995.

HARDIN, Garrett. *Living within Limits*. Nova York: Oxford University Press, 1993.

HARDISON JR., O. B. *Entering the Maze*. Nova York: Oxford University Press, 1981.

HARMAN, Willis W. *An Incomplete Guide to the Future*. Nova York: Norton, 1979.

HARRISON, Edward. *Masks of the Universe*. Nova York: Collier, 1986.

HAVEL, Václav. *Summer Meditations*. Trad. para o inglês por Paul Wilson. Nova York: Knopf, 1992.

HAVELOCK, Eric A. *Preface to Plato*. Cambridge: Harvard University Press, 1963.

HEARNE, Vicki. *Adam's Task*. Nova York: Knopf, 1986.

HEISENBERG, Werner. *Physics and Philosophy*. Nova York: Harper Perennial, 2007.

HIGHWATER, Jamake. *The Primal Mind*. Nova York: Meridian, 1982.

HILLMAN, James. *Anima Mundi: The Return of the Soul to the World*. Woodstock: Spring, 1982.

___. *Healing Fiction*. Woodstock: Spring, 1996.

___. *Inter Views*. Nova York: Harper & Row, 1983.

___. *The Thought of the Heart*. Eranos Lectures 2. Dallas: Spring, 1984.

HOAGLAND, Mahlon & DODSON, Bert. *The Way Life Works*. Nova York: Times Books, 1995.

HOMER-DIXON, Thomas. *The Ingenuity Gap*. Nova York: Knopf, 2000.

___. *The Upside of Down*. Washington: Island Press, 2006.

HOSTETLER, John A. *Amish Society*. 4ª ed. Baltimore: Johns Hopkins University Press, 1993.

HUIZINGA, Johan. *Homo Ludens*. Boston: Beacon, 1955.

___. *The Waning of the Middle Ages*. Nova York: Anchor, 1954.

HUTCHINS, Robert M. *The Learning Society*. Nova York: Praeger, 1968.

HUXLEY, Aldous. *Island*. Nova York: Harper Perennial, 1972.

___. *The Perennial Philosophy*. Nova York: Harper Perennial, 2009.

HYDE, Lewis. *The Gift*. 2ª ed. Nova York: Vintage, 2007.

ILLICH, Ivan. *Energy and Equity*. Londres: Calder and Boyars, 1974.

___. *Tools for Conviviality*. Nova York: Harper & Row, 1973.

IYER, Raghavan. *The Moral and Political Thought of Mahatma Gandhi*. Nova York: Oxford University Press, 1973.

JAEGER, Werner. *Paideia*. 3 vols. Trad. para o inglês por Gilbert Highet. Nova York: Oxford University Press, 1939, 1943, 1944.

JANTSCH, Erich. (ed.). *The Evolutionary Vision*. Boulder: Westview, 1981.

___ *The Self-Organizing Universe*. Elmsford: Pergamon, 1980.

JAYNES, Julian. *The Origin of Consciousness in the Breakdown of the Bicameral Mind*. Boston: Houghton Mifflin, 1982.

JEANS, James. *The Mysterious Universe*. 2ª ed. Cambridge: Cambridge University Press, 1931.

___. *Physics and Philosophy*. Nova York: Macmillan, 1943.

JEFFERSON, Thomas. *Notes on the State of Virginia*. Editado por Frank Shuffleton. Nova York: Penguin Classics, 1998.

JOHNSON, Warren A. *Muddling toward Frugality*. Ed. rev. Westport: Easton Studio Press, 2010.

JONES, Roger S. *Physics as Metaphor*. Nova York: New American Library, 1983.

JUNG, Carl G. *C. G. Jung Speaking*. Editado por William McGuire e

R. F. C. Hull. Princeton: Princeton University Press, 1977.
___. *Memories, Dreams, Reflections.* Editado por Aniela Jaffé e trad. para o inglês por Richard Winston e Clara Winston. Nova York: Vintage, 1989.
___. *Modern Man in Search of a Soul.* Trad. para o inglês por W. S. Dell e Cary F. Baynes. Nova York: Harcourt, Brace & World, 1933.
___. *Psychological Reflections.* Editado por Jolande Jacobi. Princeton: Princeton / Bollingen, 1973.
___. *The Earth Has a Soul.* Editado por Meredith Sabini. Berkeley: North Atlantic, 2002.
___. *The Undiscovered Self.* Trad. para o inglês por R. F. C. Hull. Princeton: Princeton / Bolligen, 1990.
___ et al. *Man and His Symbols.* Nova York: Dell, 1968.
KAKU, Michio. *Hyperspace.* Nova York: Oxford University Press, 1994.
KAUFFMAN, Stuart A. *The Origins of Order.* Nova York: Oxford University Press, 1993.
KEELEY, Lawrence H. *War before Civilization.* Nova York: Oxford University Press, 1996.
KING, B. H. *Farmers of Forty Centuries.* Mineola: Dover, 2004.
KLINE, David. *Scratching the Woodchuck.* Athens: University of Georgia Press, 1999.
KOCH, Adrienne. *The Philosophy of Thomas Jefferson.* Chicago: Quadrangle, 1974.
KOHR, Leopold. *The Breakdown of Nations.* Nova York: Dutton, 1978.
___. *The Overdeveloped Nations.* Nova York: Schocken, 1978.
KONNER, Melvin. *The Tangled Wing.* Nova York: Holt, Rinehart and Winston, 1982.
KRAYBILL, Donald B. & OLSHAN, Marc A. *The Amish Struggle with Modernity.* Lebanon: University Press of New England, 1994.
KROEBER, Theodora. *Ishi in Two Worlds.* Berkeley: University of California Press, 1961.
KUHN, Thomas S. *The Structure of Scientific Revolutions.* 2ª ed. Chicago: Phoenix, 1970.
LAKOFF, George & JOHNSON, Mark. *Metaphors We Live By.* Chicago: University of Chicago Press, 1980.
LANSING, J. Stephen. *Perfect Order.* Princeton: Princeton University Press, 2006.
___. *Priests and Programmers.* Princeton: Princeton University Press, 1991.
LAO TSÉ. *Tao Te Ching.* Trad. para o inglês por Arthur Waley. Ware: Wordsworth, 1997.
LE BON, Gustave. *The Crowd.* Mineola: Dover, 2002.
LEE, Dorothy. *Freedom and Culture.* Englewood Cliffs: Spectrum, 1959.
LEOPOLD, Aldo. *A Sand County Almanac.* Nova York: Oxford University Press, 2001.
LERNER, Eric J. *The Big Bang Never Happened.* Nova York: Vintage, 1992.

LESHAN, Lawrence e MARGENAU Henry. *Einstein's Space and Van Gogh's Sky*. Nova York: Macmillan, 1982.

LÉVI-STRAUSS, Claude. *The Savage Mind*. Chicago: University of Chicago Press, 1966.

___. *Tristes Tropiques*. Trad. para o inglês por John e Doreen Weightman. Nova York: Atheneum, 1974.

LEWIN, Roger. *Complexity*. Nova York: Macmillan, 1992.

LIEDLOFF, Jean. *The Continuum Concept*. Nova York: Knopf, 1977.

LINDLEY, David. *The End of Physics*. Nova York: Basic Books, 1993.

LING, Trevor. *The Buddha*. Nova York: Penguin, 1976.

LIPPMANN, Walter. *Public Opinion*. Nova York: Free Press, 1966.

___. *The Good Society*. New Brunswick: Transaction, 2004.

___. *The Public Philosophy*. New Brunswick: Transaction, 1989.

LOGSDON, Gene. *Living at Nature's Pace*. Ed. rev. White River Junction: Chelsea Green, 2000.

LOVELOCK, James. *Healing Gaia*. Nova York: Harmony Books, 1991.

___. *The Ages of Gaia*. Nova York: Norton, 1988.

___. *The Vanishing Face of Gaia*. Nova York: Basic Books, 2009.

MACINTYRE, Alasdair. *After Virtue*. 3ª ed. Notre Dame: University of Notre Dame Press, 2007.

MARGULIS, Lynn & SAGAN, Dorion. *Microcosmos*. Berkeley: University of California Press, 1997.

___ & ___. *What Is Life?* Berkeley: University of California Press, 2000.

MARTIN, Calvin Luther. *In the Spirit of the Earth*. Baltimore: Johns Hopkins University Press, 1992.

MARX, Leo. *The Machine in the Garden*. Nova York: Oxford University Press, 1964.

MASTERS, Roger D. *Beyond Relativism*. Hanover: University Press of New England, 1993.

___. *The Nature of Politics*. New Haven: Yale University Press, 1991.

MATTHEWS, Richard K. *The Radical Politics of Thomas Jefferson*. Lawrence: University of Kansas Press, 1984.

MAYBURY-LEWIS, David. *Millennium*. Nova York: Viking Penguin, 1992.

MCGLASHAN, Alan. *The Savage and Beautiful Country*. Boston: Houghton Mifflin, 1967.

MCKIBBEN, Bill. *Deep Economy*. Nova York: Henry Holt, 2007.

MCLUHAN, Marshall. *Understanding Media*. Nova York: McGraw-Hill, 1964.

MCNEILL, J. R. *Something New under the Sun*. Nova York: Norton, 2000.

MCNEILL, William H. *Polyethnicity and National Unity in World History*. Toronto: University of Toronto Press, 1986.

MCWILLIAMS, Wilson Carey. *The Idea of Fraternity in America*. Berkeley: University of California Press, 1973.

MEADOWS, Donella. *Thinking in*

Systems. Editado por Diana Wright. White River Junction: Chelsea Green, 2008.

___; RANDERS, Jorgen & MEADOWS, Dennis. *Limits to Growth: The Thirty-Year Update*. White River Junction: Chelsea Green, 2004.

MEYER, John M. *Political Nature*. Cambridge: MIT Press, 2001.

MIDGLEY, Mary. *Beast and Man*. 2ª ed. Nova York: Routledge, 1995.

MILL, J. S. *On Liberty and Other Writings*. Editado por Stefan Collini. Cambridge: Cambridge University Press, 1989.

MONTAIGNE, Michel Eyquem de. *The Complete Essays*. Trad. para o inglês por Donald M. Frame. Stanford: Stanford University Press, 1965.

MONTESQUIEU, Charles de Secondat, Baron de. *The Spirit of the Laws*. Trad. para o inglês por Thomas Nugent e revisado por J. V. Prichard. Londres: Bell, 1914.

MOORE JR., Barrington. *Reflections on the Causes of Human Misery and upon Certain Proposals to Eliminate Them*. Boston: Beacon, 1972.

MORGAN, Lewis Henry. *Ancient Society*. New Brunswick: Transaction, 2000.

MORRIS, William. *News from Nowhere*. Editado por David Leopold. Nova York: Oxford University Press, 2009.

MURRAY, Charles. *Real Education*. Nova York: Three Rivers Books, 2009.

NEEDHAM, Joseph. "History and Human Values: A Chinese Perspective for World Science and Technology". *Centennial Review* 20 (1), inverno de 1976.

___. *Science and Civilisation in China*. Vol. 2, *History of Scientific Thought*. Reedição corrigida. Nova York: Cambridge University Press, 1991.

NEUMANN, Erich. *Depth Psychology and a New Ethic*. Trad. para o inglês por Eugene Rolfe. Nova York: Harper & Row, 1973.

___. *The Origins and History of Consciousness*. Trad. para o inglês por R. F. C. Hull. Princeton: Princeton University Press, 1970.

NIEBUHR, Reinhold. *Moral Man and Immoral Society*. Nova York: Charles Scribner's Sons, 1932.

ODAJNYK, Volodymyr W. *Jung and Politics*. Nova York: Harper & Row, 1976.

ODUM, Howard T. *Ecological and General Systems*. Ed. rev. Boulder: University Press of Colorado, 1994.

___. *Environment, Power and Society for the Twenty-first Century*. Nova York: Columbia University Press, 2007.

___ & ODUM, Elisabeth C. *Energy Basis for Man and Nature*. 2ª ed. Nova York: McGraw-Hill, 1981.

___ & ___. *A Prosperous Way Down*. Boulder: University Press of Colorado, 2008.

ONG, Walter J. *Orality and Literacy*. Londres: Methuen, 1982.

OPHULS, William. *Ecology and the*

Politics of Scarcity. São Francisco: Freeman, 1977.
___. *Requiem for Modern Politics*. Boulder: Westview, 1997.
___ & BOYAN JR., A. Stephen. *Ecology and the Politics of Scarcity Revisited*. Nova York: Freeman, 1992.
ORNSTEIN, Robert. *The Evolution of Consciousness*. Nova York: Simon & Schuster, 1991.
___. *The Right Mind*. Nova York: Harcourt Brace, 1997.
ORWELL, George. *Animal Farm and 1984*. Boston: Houghton Mifflin Harcourt, 2003.
PAGELS, Heinz R. *The Cosmic Code*. Nova York: Bantam, 1983.
PENROSE, Roger. *The Emperor's New Mind*. Nova York: Penguin, 1991.
PEPPERBERG, Irene M. *Alex and Me*. Nova York: Collins, 2008.
PLATÃO. *Phaedo*. Trad. para o inglês por Benjamin Jowett. Teddington: Echo Library, 2006.
___. *The Republic of Plato*. Trad. para o inglês por Allan Bloom. Nova York: Basic Books, 1968.
POLANYI, Karl. *The Great Transformation*. Boston: Beacon, 1957.
PRIGOGINE, Ilya & STENGERS, Isabelle. *Order out of Chaos*. Nova York: Bantam, 1984.
QUINN, Daniel. *Ishmael*. Nova York: Bantam, 1992.
RANK, Otto. *Beyond Psychology*. Nova York: Dover, 1941.
RIFKIN, Jeremy. *Entropy*. Nova York: Bantam, 1981.
ROBB, John. *Brave New War*. Nova York: Wiley, 2007.
ROBINSON, Geoffrey B. *The Dark Side of Paradise*. Ithaca: Cornell University Press, 1995.
ROSZAK, Theodore. *Person/Planet*. Nova York: Anchor, 1978.
___. *The Voice of the Earth*. Nova York: Simon & Schuster, 1992.
___. *Unfinished Animal*. Nova York: HarperCollins, 1977.
ROUSSEAU, Jean-Jacques. *Émile or On Education*. Editado e traduzido para o inglês por Allan Bloom. Nova York: Basic Books, 1979.
___. *On the Social Contract*. Editado por Roger D. Masters. Trad. para o inglês por Judith R. Masters. Nova York: St. Martin's, 1978.
___. *The First and Second Discourses*. Editado por Roger D. Masters. Trad. para o inglês por Roger D. Masters e Judith R. Masters. Nova York: St. Martin's, 1964.
RUDDIMAN, William F. *Plows, Plagues, and Petroleum*. Princeton: Princeton University Press, 2005.
RYAN, Charles J. "The Choices in the Next Energy and Social Revolution". *Technological Forecasting and Social Change* 16, 1980.
___. "The Overdeveloped Society". *Stanford Magazine*, outono/inverno de 1979.
SADE, Marquês de. *Juliette*. Trad. para o inglês por Austryn Wainhouse. Nova York: Grove, 1994.
SAHLINS, Marshall. *Culture and*

Practical Reason. Chicago: Chicago University Press, 1976.

___. *Stone-Age Economics*. Chicago: Aldine-Atherton, 1970.

SALE, Kirkpatrick. *Dwellers in the Land*. São Francisco: Sierra Club, 1985.

___. *Human Scale*. Nova York: Coward, McCann & Geoghegan, 1980.

SANDEL, Michael J. *Democracy's Discontent*. Cambridge: Belknap Press, 1998.

SCHNEIDER, Stephen H. & BOSTON, Penelope J. (ed.). *Scientists on Gaia*. Cambridge: MIT Press, 1991.

SCHRÖDINGER, Erwin. *Mind and Matter*. Cambridge: Cambridge University Press, 1959.

___. *What Is Life?* Cambridge: Cambridge University Press, 1992.

SCHUMACHER, E. F. *Small Is Beautiful*. Nova York: Harper & Row, 1973.

SÊNECA. *Letters from a Stoic*. Trad. para o inglês por Robin Campbell. Nova York: Penguin, 1969.

SESSIONS, George (ed.). *Deep Ecology for the Twenty-first Century*. Boston: Shambhala, 1995.

SEWELL, Elizabeth. *The Orphic Voice*. Londres: Routledge & Kegan Paul, 1955.

SHEPARD, Paul. *Coming Home to the Pleistocene*. Editado por Florence R. Shepard. Washington: Island Press, 2004.

___. *Nature and Madness*. São Francisco: Sierra Club Books, 1982.

___. *The Tender Carnivore and the Sacred Game*. Nova York: Scribner's, 1973.

SIMEONS, A. T. W. *Man's Presumptuous Brain*. Nova York: Dutton, 1961.

SKINNER, B. F. *Beyond Freedom and Dignity*. Indianapolis: Hackett, 2002.

___. *Walden Two*. Indianapolis: Hackett, 2005.

SMITH, Thomas M. & SMITH, Robert Leo. *Elements of Ecology*. 7ª ed. Upper Saddle River: Benjamin Cummings, 2008.

SOLERI, Paolo. *Arcology*. Cambridge: MIT Press, 1969.

___. *The Urban Ideal*. Editado por John Strohmeier. Berkeley: Berkeley Hills Books, 2001.

SOROKIN, Pitirim A. *Social and Cultural Dynamics*. Rev. e resumido. Boston: Porter Sargent, 1957.

___. *The Crisis of Our Age*. Nova York: Dutton, 1944.

SPETH, James Gustave. *The Bridge at the End of the World*. New Haven: Yale University Press, 2008.

STEVENS, Anthony. *Archetypes*. Nova York: Quill, 1983.

___. *The Two Million-Year-Old Self*. College Station: Texas A & M University Press, 1993.

TAINTER, Joseph A. *The Collapse of Complex Societies*. Nova York: Cambridge University Press, 1990.

TAYLOR, Gordon R. *Rethink*. Nova York: Dutton, 1973.

THOMAS, Lewis. *The Lives of a Cell*. Nova York: Penguin, 1978.

___. *The Medusa and the Snail*. Nova York: Viking, 1979.
THOMPSON, William Irwin. *Darkness and Scattered Light*. Nova York: Anchor, 1978.
___. *Passages about Earth*. Nova York: Harper & Row, 1974.
THOREAU, Henry David. *Walden and Other Writings*. Editado por Joseph Wood Krutch. Nova York: Bantam, 1962.
TOFFLER, Alvin. *Future Shock*. 10ª ed. Nova York: Bantam, 1984.
___. *The Third Wave*. Nova York: Bantam, 1984.
TOULMIN, Stephen E. *Cosmopolis*. Chicago: University of Chicago Press, 1992.
TOYNBEE, Arnold J. *Mankind and Mother Earth*. Nova York: Oxford University Press, 1976.
TUCHMAN, Barbara W. *The March of Folly*. Nova York: Knopf, 1984.
TURNER, Frederick. *The Culture of Hope*. Nova York: Free Press, 1995.
VICKERS, Geoffrey. *Freedom in a Rocking Boat*. Harmondsworth: Penguin, 1972.
VICO, Giambattista. *New Science*. 3ª ed. Trad. para o inglês por David Marsh. Nova York: Penguin, 2000.
WACKERNAGEL, Mathis & REES, William. *Our Ecological Footprint*. Ilha Gabriola: New Society, 1996.
WALDROP, M. Mitchell. *Complexity*. Nova York: Simon & Schuster, 1992.
WATTS, Alan W. *Nature, Man, and Woman*. Nova York: Vintage, 1970.
WATZLAWICK, Paul. *How Real Is Real?* Nova York: Vintage, 1977.
WEINBERG, Steven. *Dreams of a Final Theory*. Nova York: Vintage, 1994.
WHITEHEAD, Alfred North. *Modes of Thought*. Nova York: Free Press, 1968.
___. *Science and the Modern World*. Nova York: Free Press, 1997.
WILBER, Ken. *Quantum Questions*. Ed. rev. Boston: Shambhala, 2002.
WILSON, Edward O. *Consilience*. Nova York: Vintage, 1999.
___. *On Human Nature*. Ed. rev. Cambridge: Harvard University Press, 2004.
___. *The Diversity of Life*. Cambridge: Harvard University Press, 1982.
WILSON, James Q. *The Moral Sense*. Nova York: Free Press, 1993.
WINNER, Langdon. *Autonomous Technology*. Cambridge: MIT Press, 1977.
WOLIN, Sheldon S. *The Presence of the Past*. Baltimore: Johns Hopkins University Press, 1990.
WORSTER, Donald. *Nature's Economy*. 2ª ed. Nova York: Cambridge University Press, 1994.
WRIGHT, Julia. *Sustainable Agriculture and Food Security in an Era of Oil Scarcity*. Londres: Earthscan, 2009.
WRIGHT, Robert. *The Moral Animal*. Nova York: Pantheon, 1994.
YOUNG, Michael D. *The Rise of the Meritocracy*. New Brunswick: Transaction, 1994.

SOBRE O AUTOR

William Ophuls é doutor em ciência política pela Universidade de Yale. Trabalhou por oito anos como diplomata norte-americano em Washington, Abidjã e Tóquio, depois foi professor na Universidade Northwestern e hoje é escritor e pesquisador independente. Ophuls publicou três livros sobre os desafios ecológicos, sociais e políticos que confrontam a civilização industrial contemporânea. Quando não está em sua escrivaninha, faz caminhadas na natureza, seja em sua Califórnia nativa, seja em montanhas na Europa.

Fontes Olsen e Oreu
Papel Alta Alvura 90 g/m²
Impressão Mundial Gráfica
Data Maio de 2017

MISTO
Papel produzido a partir
de fontes responsáveis
FSC® C133551
FSC
www.fsc.org